CIUG

中国城市治理研究院

城市治理理论与实践丛书

总主编 姜斯宪

国家自然科学基金面上项目"基于乡村功能更新的长三角
农村居民点整治模式组配及农户意愿响应"（71673184）
的阶段性成果

大都市郊野空间治理的
上海探索

谷晓坤 著

上海交通大学出版社
SHANGHAI JIAO TONG UNIVERSITY PRESS

内容提要

本书系统分析了改革开放 40 年以来上海郊野发展的现状特征，提出了大都市郊野的价值再定位，首次建立了大都市郊野空间治理目标与研究架构，并结合上海典型区县与案例，深入系统地剖析了大都市郊野"镇—村"空间体系治理、建设用地空间治理、公共服务空间治理、绿色生态空间治理和空间治理的原住民响应的理论方法与策略。本书适合城市治理、公共管理等研究领域的研究者及政府相关部门人员参考阅读。

图书在版编目（CIP）数据

大都市郊野空间治理的上海探索 / 谷晓坤著 . —上
海：上海交通大学出版社，2019
ISBN 978-7-313-20541-4

Ⅰ.① 大…　Ⅱ.① 谷…　Ⅲ.① 城市规划−空间规划−
研究−上海　Ⅳ.① TU984.11

中国版本图书馆 CIP 数据核字（2018）第 276001 号

大都市郊野空间治理的上海探索

著　　者：谷晓坤			
出版发行：上海交通大学出版社		地　　址：上海市番禺路 951 号
邮政编码：200030		电　　话：021-64071208
印　　制：上海春秋印刷厂		经　　销：全国新华书店
开　　本：710mm×1000mm　1/16		印　　张：14.75
字　　数：213 千字		
版　　次：2019 年 3 月第 1 版		印　　次：2019 年 3 月第 1 次印刷
书　　号：ISBN 978-7-313-20541-4/TU		
定　　价：69.00 元		

"城市治理理论与实践"
丛书编委会

"城市治理理论与实践丛书"序

　　城市是人类最伟大的创造之一。从古希腊的城邦和中国龙山文化时期的城堡，到当今遍布世界各地的现代化大都市，以及连绵成片的巨大城市群，城市逐渐成为人类文明的重要空间载体，其发展也成为人类文明进步的主要引擎。

　　21世纪是城市的世纪。据统计，目前全球超过一半的人口居住在城市中。联合国人居署发布的《2016世界城市状况报告》指出，排名前600位的主要城市中居住着五分之一的世界人口，对全球GDP的贡献高达60%。改革开放以来，中国的城镇化率也稳步提升。2011年首次突破50%，2017年已经超过58%，预计2020年将达到60%。2015年12月召开的中央城市工作会议更是明确提出："城市是我国经济、政治、文化、社会等方面活动的中心，在党和国家工作全局中具有举足轻重的地位。"

　　城市，让生活更美好！而美好的城市生活，离不开卓越的城市治理。全球的城市化进程带动了人口和资源的聚集，形成了高度分工基础上的比较优势，给人类社会带来了灿烂的物质和精神文明。但近年来，人口膨胀、环境污染、交通拥堵、资源紧张、安全缺失与贫富分化等问题集中爆发，制约城市健康发展，困扰着政府与民众，日益成为城市治理中的焦点和难点。无论是推进城市的进一步发展，还是化解迫在眉睫的城市病，都呼唤着更好的城市治理。对此，党和国家审时度势、高屋建瓴，做出了科学的安排和部署。2015年11月，习近平总书记主持召开中央财经领导小组第十一次会议时就曾指出："做好城市工作，首先要认识、尊重、顺应城市发展规律，端正城市发展指导思想。"中央城市工作会议则进一步强调："转变城市发展方式，完善城市治理体系,提高城市治理能力,着力解决城市病等突出问题,不断提升城市环境质量、人民生活质量、城市竞争力,建设和谐宜居、富有活力、各具特色的现代化城市,提高新型城镇化水平,走出一条中国特色城市发展道路。"

卓越的城市治理,不仅仅需要政府、社会、企业与民众广泛参与和深度合作,更亟须高等院校组织跨学科、跨领域以及跨国界的各类专家学者深度协同参与。特别是在信息爆炸、分工细化的当今时代,高等院校的这一角色显得尤为重要。在此背景下,上海交通大学决定依托其在城市治理方面所拥有的软硬结合的多学科优势,全面整合校内外资源创办中国城市治理研究院。2016年10月30日,在上海市人民政府的支持下,由上海交通大学和上海市人民政府发展研究中心合作建设的中国城市治理研究院在2016全球城市论坛上揭牌成立。中国城市治理研究院的成立,旨在推动城市治理研究常态化,其目标是建成国际一流中国特色新型智库、优秀人才汇聚培养基地和高端国际交流合作平台。

一流新型智库需要一流的学术影响力,高端系列研究著作是形成一流学术影响力的重要举措。因此,上海交通大学中国城市治理研究院决定推出"城市治理理论与实践丛书",旨在打造一套符合国际惯例,体现中国特色、中国风格、中国气派的书系。本套丛书将全面梳理和总结城市治理的重要理论,以中国城市化和城市治理的实践为基础,提出具有中国特色的本土性、原创性和指导性理论体系;深度总结及积极推广上海和其他地区城市治理的先进经验,讲好"中国故事",唱响"中国声音",为全球城市治理贡献中国范本。

相信"城市治理理论与实践丛书"的推出,将有助于进一步推动城市治理研究,为解决城市治理中的难题、应对城市治理中的挑战提供更多的智慧!

姜斯宪

上海交通大学党委书记
上海交通大学中国城市治理研究院院长

前　言

　　1978—2017年，中国城镇常住人口从1.7亿人增加到8.1亿人，城镇化率达到58.52%。百万人口以上的大城市有102个，千万人口以上的超大城市有13个。40年持续大规模的城市化进程，一方面造就了一个个现代化的大都市；另一方面也塑造了大都市郊野这一新型空间。在这里，城市与乡村交织碰撞，共同作用和影响着大都市郊野空间的发展与演变，从而展现出既不同于大都市建成区又不同于传统乡村的新特征。而大都市郊野普遍面临的公共服务资源配置落后、土地资源利用低效、生态环境污染等问题，直接影响着大都市的可持续发展，也成为城市治理的新课题。

　　截至2019年3月，中央一号文件连续16年对"三农"问题予以强调，这说明了实现乡村发展在中国现代化进程中成为必须面对的巨大挑战。十九大报告提出了"实施乡村振兴战略"的新理念。这与以往把乡村放在城市的从属地位，使乡村被动接收城市发展的带动和辐射的政策思路不同，乡村振兴更加注重发挥乡村的主动性，激发乡村的发展活力，以实现城市与乡村的共荣共生。

　　上海作为具有代表性的国际大都市，在迈向卓越的全球城市进程中，离不开乡村的支持。从实现乡村振兴和建设卓越的全球城市目标出发，需要重新对上海郊野进行价值衡量和功能定位，提出郊野空间治理的目标和有效的公共政策。一个国际化大都市，究竟需要什么样的郊野空间？在引导郊野空间转型与发展的过程中，迫切需要解决的问题是什么？治理策略和方案的提出，能不能找到一个更科学、客观的理论支撑？这是我一直在思考的问题。

　　为了深入了解大都市郊野空间的特殊性和多样性，从2013年到2017年，我和我的研究团队几乎每年都会开展实地调查，从上海近郊的嘉定、宝山，到远郊的青浦、金山、奉贤、崇明，试图在实践中获得解答上述三个问题的思路。在长期的调研中，我日益强烈地感受到，空间是多样化和多维化的乡村问题共同投射的载体，应当成为理解乡村、探索治理的切入点。这不仅与城市治理向空间转向的观点一致，而且与地理学中一直强调的空间作为经济社会活动映射的观点殊途同归。

　　在城乡融合和建设卓越的全球城市背景下，《大都市郊野空间治理的上海探索》一书，尝试从城市治理和空间计量的交叉研究出发，提出调整和改善郊野"镇—村"空间体系、增强郊野公共服务均等化、提高郊野资源利用高质量化和探索郊野空间生态化转型的集成方法和策略。全书共7章，第1章提出了大都市郊野的定义，梳理了上海郊野发展的历程并总结了其现状特征；第2章为大都市郊野空间治理的理论框架，从治理的空间转向与大都市郊野价值再定位出发，构建大都市郊野空间治理的研究架构；第3章到第6章分别在研究架构的指导下，结合实证案例，深入分析了大都市郊野空间治理的四个关键点：大都市郊野"镇—村"空间更新规划、大都市郊野建设用地空间治理、大都市郊野公共服务空间治理以及大都市郊野生态空间转型治理；第7章以农村居民点整治为原型的乡村空间更新为切入点，揭示大都市郊野空间治理的乡村居民响应机制。

　　这本书能顺利出版，要感谢很多人。感谢坚守上海的公公婆婆帮我接送孩子、料理家务，感谢独居宁晋的妈妈一个人乐观坚强地生活。感谢我的先生和儿子，父子俩顺利接手了从学校作业到课外兴趣班的各项课业及活动安排，让我在工作之余可以有空写作。感谢代兵高级工程师、周小平教授、张正峰教授和吴宇哲教授与我一起讨论如何优化书稿框架设计，并分享他们的经验，给我鼓励。感谢陶思远、卢方方、匡兵帮忙完成了许多数据处理以及制图工作。感谢刘静、高岩、黄莎莎分别参与了部分章节的内容讨论、现场调查以及校稿工作。感谢上海交通大学、浙江工商大学和华东师范大学的二十余位本科、硕士和博士同学们，他们先后参与了本研究不同阶段的调查和资料整理工作。感谢夏奇缘、李林青和徐唯在出版过程中给予的帮助。特别感谢上海市规划和自然资源局(原上海市规划和国土资源管理局)的相关部门在项目合作中提供的支持帮助和专业建议。特别感谢上海交通大学中国城市治理研究院新农村发展研究院的领导和同事们在工作中给我的指导和帮助。

CONTENTS 目 录

7

第7章
大都市郊野空间治理的乡村居民响应机制 / 173

第 1 章
大都市郊野发展现状与特征

改革开放40年来,快速的城市扩张造就了一大批大城市和特大城市,也塑造了与传统农业区域差异显著的大都市郊野这一新型空间。在这里,城市与乡村交织碰撞,共同作用和影响着大都市郊野空间的发展与演变,展现出既不同于城市建成区又不同于传统乡村的新特征。

本章从大都市郊野的定义出发,简要回顾了上海郊野地区的发展历程。以改革开放40年来的经济社会统计数据和重要的土地利用空间数据为基础,系统分析了上海郊野的村庄数量、人口变化、土地利用、基本公共服务设施以及乡村集体经济的发展和变化,总结了大都市郊野发展至今面临的几大突出问题。

1.1　大都市郊野定义与发展历程 ▷▷

1.1.1　大都市郊野定义

1. 大都市

城市是人类居住、生产、管理等活动的集聚中心。"城市在空间上的结构是人类社会经济活动在空间上的投影。"(Christaller,1933)它的形成和演化是城市行为者——居民、企业、政府追求规模经济行为在地域空间上的体现。

大都市和大都市区是西方城市化进程较快的国家首先使用的两个概念。大都市区是城市化发展到高级阶段的产物。"大都市区"是"由或多或少连续的城市发展融合而形成的,具有相当大的面积的城市区域"(梁鹤年,2003)。

相对于城市和大都市区较为统一和规范的定义,大都市的概念则存在着较大的争议。一般常以城市人口规模对大都市进行界定。比如,联合国通常将100万人口以上的城市界定为特大城市,美国将人口100万以上的特大城市称为大都市。中国将城区常住人口100万以上500万以下的城市称为大城市,将城区常住人口500万以上1 000万以下的城市称为特大城市,将城区常住人口1 000万以上的城市称为超大城市。2016年,中国百万人口以上的大城市有102个,千万人口以上的超大城市有13个^①。这些大都市周边的乡村比传统乡村区域受到的城市化影响更强烈,从而引起更显著的生产、生态、生活和文化等多功能的演变(Long等,2010)。

2. 郊野

郊,从邑,表示与城郭、行政区域有关。《说文》:"郊,距国百里为郊。" 即国都外百里以内的地区称为"郊"。周时距离国都五十里的地方叫近郊,距离国都百里的地方叫远郊。野,从里。《尔雅·释言》:"里,邑也。"《尔雅·释地》:"邑外谓之郊,郊外谓之牧,牧外谓之野,野外谓之林。"也就是说,野是比郊距离城市更远的地区。

国外对"郊野"一词的使用可追溯至1966年英国政府发布的《郊野休闲指引》白皮书,其中提出要建立郊野公园(country park)。随后中国香港沿用了这一概念(Gu et al.,2017)。2005年,深圳首次提出了建设郊野公园的设想,但是当时并没有定义郊野的概念。

2013年,上海开始探索郊野公园和郊野单元规划编制,从政策文件上正式使用了郊野的概念,指位于中心城和新城以外,仍具有乡村土地、经济和社会特征的"镇—村"区域。与"郊区"相比,"郊野"更强调都市周边乡村区域可为城市居民提供的生态环境和休闲游憩的功能。

1.1.2　上海郊野乡村发展历程

我国的郊区建制始于20世纪50年代。中华人民共和国成立后,为克服经济凋敝、物资匮乏的局面,保障大城市居民所需的鲜活农产品的供应,我国学习苏联模式,在直辖市和几乎所有省会级大城市周边划定了若干县为郊区。20世纪80年代至90年代,我国的城郊从单一为城市提供鲜活农副产品逐步发展成为城市大工业的扩散基地、鲜活副食品的生产基地、出口创汇基地、农业现代化的示范基地(凌耀初、季学明、刘文敏,2008)。

上海郊区的乡村发展基本保持了与全国其他地区一致的趋势,但是在

---

① 国家统计局城市社会经济调查司.中国城市统计年鉴2017[M].北京:中国统计出版社,2018.

发展阶段上又表现出领先于全国其他地区的特点。自改革开放以来,上海郊区的乡村发展大致经历了四个阶段。

1. 乡村快速发展阶段(1978—1984年)

党的十一届三中全会以后,家庭联产承包责任制开始推行。农民获得了土地的经营自主权,农业生产开始摆脱长期停滞的困境,乡镇企业逐渐发展起来,农民经济收入不断提高。农民的住房也从过去的平房改造为二层、三层楼房。20世纪80年代中期,经济发展较快的乡镇,又开始了自然村归并的尝试,并取得了积极的成效。

2. 乡村发展"三个集中"阶段(1985—2004年)

早在1985年,上海市土地局和农委等部门在松江县(现松江区)提出"三个集中",即"耕地向种田能手集中,工业向园区集中,居住向城镇集中",有效地推动了沪郊集聚、人口集中和土地规模经营的一体化进程。在取得了一定的成功经验后,"三个集中"乡村发展模式由我国原国土资源部在全国其他地区进行了推广,由此推动了后期我国土地整治政策的出台。由于行政区划的调整、城镇产业经济发展加快以及农业规模经营的需要,郊区开展了农民新村、中心村建设的试点。2004年,上海市发布《关于切实推进"三个集中"加快上海郊区发展的规划纲要》(沪府发〔2004〕45号),进一步明确了郊区实现"城乡一体化、农村城市化、农业现代化、农民市民化"的总目标和切实推进"三个集中"的总战略。

3. 新农村发展阶段(2005—2014年)

2005年,中央一号文件《关于进一步加强农村工作提高农业综合生产能力若干政策的意见》(国办函〔2005〕16号)发布。随后,提出建设社会主义新农村的政策要求。上海从人口、产业、环境、资源、基础设施等诸多要素出发,提出"1966"城镇体系规划目标,包含1个中心城、9个新城、60个新市镇和600个中心村(1指上海市外环线以内的600平方千米左右的中心城区域;9指宝山、嘉定、青浦、松江、闵行、奉贤南桥、金山、临港新城、崇明城桥9个新城;60指60个相对独立、各具特色、人口在5万人左右的新市镇;600是指600个中心村)。为了加强落实600个中心村的规划目标,上海市规划院完成了《上海市"600"中心村落地规划(2006)》和《上海市中心村布局规划（2007）》，成为上海首次完整提出的农村地区整体规划策略。规划强调村庄的差异性，将全市村庄划分为临镇型和独立型。临镇型未来将融入城镇发展，独立型以农业生产为主。

为统筹城乡发展、推进社会主义新农村建设，上海市于2007年启动实施了农村村庄改造工作，以完善村内基础设施、环境卫生整治、健全公共服务设施等村级公益事业为主要内容，首批试点包括9个镇和27个村。2008年，按照国务院农村综合改革工作小组、财政部、农业部《关于开展村级公益事业建设一事一议财政奖补试点工作》的要求，上海市将村庄改造纳入一事一议财政奖补试点范围，探索建立以农民自愿为基础，以发挥农村基层组织民主作用为动力，以财政奖补资金为引导，筹补结合、多方投入的村级公益事业建设新机制。截至2013年，全市累计有630个行政村开展了村庄改造，受益农户超过30万户。

4. 乡村振兴阶段（2015年至今）

2015年，上海市政府发布《关于推进新型城镇化建设促进本市城乡发展一体化的若干意见》（沪委发〔2015〕2号）（以下简称《意见》）。这一顶层战略中提出了21项长期实施的配套政策，涵盖了深化完善"镇—村"规划体系、加快农业结构调整、强化农村生态环境整治、加强郊区农村基础设施建设、促进基本公共服务均等化等8个领域。《意见》同时提出"三倾斜、一深化"的发展策略，即"公共服务资源配置向郊区人口集聚地倾斜、基础设施建设向郊区倾斜、执法管理力量向城乡接合部倾斜和深化农村土地制度改革四项政策"。

2017年12月15日，国务院批复《上海市城市总体规划（2017—2035年）》，该规划明确上海的城市性质为"我国的直辖市之一，长江三角洲世界级城市群的核心城市，国际经济、金融、贸易、航运、科技创新中心和文化大都市，国家历史文化名城，并将建设成为卓越的全球城市、具有世界影响力的社会主义现代化国际大都市"。规划描绘了上海2035年基本建成卓越的全球城市，令人向往的创新之城、人文之城、生态之城的美好愿景，并明确提出，要"建设美丽乡村、引导农村居民集中居住"，要"加强村庄的分类引导"。截至2018年1月，上海共评选出62个市级美丽乡村示范村。

1.2 上海市郊野发展现状特征 ▷▷

1.2.1 村庄数量

1984年,上海市郊区有33个镇和206个乡。自1985年开始撤乡建镇后,调整为204个镇和8个乡。2000年起,上海又对郊区乡镇进行大规模撤制合并,至2016年,郊区行政建制稳定在107个镇,没有乡。在这一过程中,前后有130多个乡镇被撤销行政建制,外环线以内的非建制镇在城市建成区的扩张中快速消失[①]。在镇乡调整合并的过程中,行政村合并政策也在同步持续推行。上海市行政村的数量明显下降,从1978年的3 000个左右降至2015年的1 585个,下降幅度约为47.17%(见图1-1)。

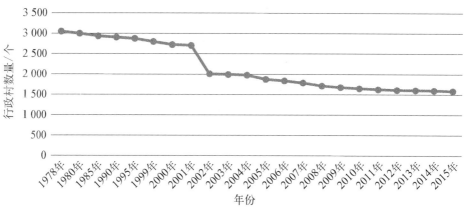

图1-1 1978—2015年上海市行政村数量
资料来源:上海郊区统计年鉴。

然而,由于上海市小规模的农业生产资源条件和江南水网密布的环境特点,使得农村住宅形成沿河、沿路分散分布的空间布局特点。2013年底,上海郊区共有自然村37 023个,其中住宅数量在10幢以下的小型自然村有16 050个,约占村庄总数的43.35%;住宅数量在11~30幢的自然村有12 435个,占村庄总数的33.59%;住宅数量在30幢以上的自然村有8 538个,占村庄总数的

---

① 上海市农业委员会.关于优化调整本市郊区村庄布局的建议[R].2014.

23.06%①。由于改革开放以后农民经济收入的快速提高,因此住宅数量持续增加,但是村庄的建筑风格却以西式和追求实用为主,忽视了对江南民居建筑传统的继承。另外,村庄与村庄之间以及村庄与镇之间,长期缺少功能布局上的统筹安排②。

1.2.2　人口特征

1. 人口数量持续下降

自改革开放以来,伴随快速城镇化而来的是郊野乡村人口的持续下降。1978年至2016年,农村常住人口和农业人口呈现同步显著下降的趋势;2000年以后,农业人口的下降程度超过了农村常住人口的下降程度,反映出乡村人口就业非农化的趋势更加明显(见图1-2)。据上海统计年鉴和上海郊区统计年鉴的数据显示,1978年,上海市户籍总人口为1 098.29万人,其中农业人口为453.05万人,人口的城镇化率为58.75%;2016年,上海市户籍总人口为1 450万人,其中农业人口为158.26万人,人口的城镇化率达到89.09%。农村户籍人口大多处于"就业在城市,户籍在农村;劳力在城市,家属在农村;收入在城市,积累在农村;生活在城市,根基在农村"的"半城镇化"状态。城乡接合部和工业园区附近的农村地区,大量外来务工、务农、经商等人员长期居留

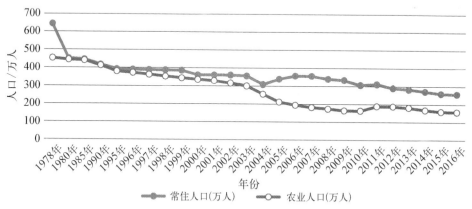

图1-2　1978—2016年上海市农村人口变化
资料来源:上海统计年鉴和上海郊区统计年鉴。

---

① 上海市农业委员会.关于优化调整本市郊区村庄布局的建议[R].2014.
② 上海市农业委员会.关于优化调整本市郊区村庄布局的建议[R].2014.

于此,呈现出典型的"新二元结构"特征,给农村社区治理带来了严峻的挑战。

2. 外来人口比例持续增长

乡村人口持续下降的同时,乡村外来人口比重逐渐增加。截至2016年底,上海市外来人口占乡村常住人口的比例接近50%。近郊村和远郊村存在一定的差异:近郊村外来人口占比普遍超过70%,以务工人员为主;远郊村外来人口占比普遍在30%以下,外来务农、务工人员都有。闵行区、宝山区外来人口密度最高,金山区和崇明区最低[①]。

以青浦区为例,外来务工人员比例逐年增加。截至2014年底,青浦区外来人口的比例已近60%,即青浦区超过一半的常住居民为外来人员,本地人口大量流出(见图1-3)。2015年末,青浦区各乡镇常住人口总数为120.91万人,常住外省市人口为72.05万人。其中,花桥街道、徐泾镇、华新镇等常住外省市人口占常住人口的比例均超过75%,如图1-4所示。

2015年,上海交通大学新农村发展研究院对青浦区郊野乡村发展状况进行调查,对全区146个[②]行政村进行了全面的问卷调查。结果发现,青东

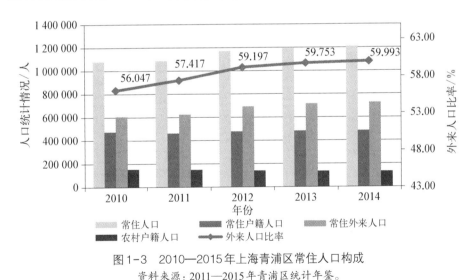

图1-3 2010—2015年上海青浦区常住人口构成

资料来源:2011—2015年青浦区统计年鉴。

---

① 代兵,等.乡村振兴中农民居住策略研究,2017—2018年度市规划国土资源系统"创新与担当"中青年干部研修班(第三期)课题成果[R].2018.

② 最终,共收集到146个行政村的外来人口数量(见图1-5),139个行政村的60岁以上人口的数量(见图1-6),142个行政村的户均宅基地数量(见图1-10),146个行政村的工业用地面积(见图1-11)。

地区的外来人口比率高于青西地区,徐泾镇、华新镇和赵巷镇普遍较高,金泽镇最低,这与当地经济发展业态和经济收入水平基本一致(见图1-5)[①]。

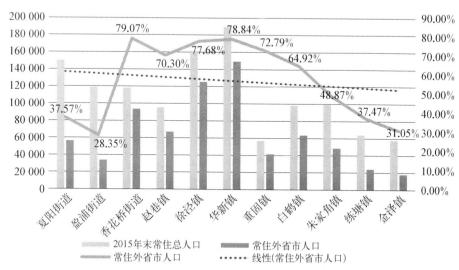

图1-4　2015年青浦区各乡镇常住人口与外来人口

资料来源:2016年青浦区统计年鉴。

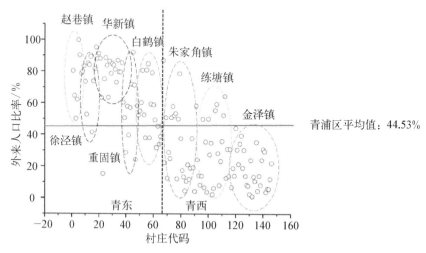

图1-5　青浦区146个行政村外来人口比例

资料来源:上海交通大学新农村发展研究院.青浦区乡村发展现状调查[R].2015.

---

① 上海交通大学新农村发展研究院.青浦区乡村发展现状调查[R].2015.

3. 人口老龄化程度持续升高

国际上关于老龄化的标准为：60岁以上的老人占当地常住居民人数的10%，或者65岁以上的老人占当地常住居民人数的7%。上海市农村人口老龄化严重，崇明、金山、青浦、奉贤等远郊区村庄出现了明显的人口空心化现象，部分地区老年人比例超过50%[①]。从2010年到2014年，青浦区人口老龄化率以每年1.2%～1.4%的比率不断上升（见图1-6）。

图1-6　青浦区人口老龄化

资料来源：2011—2015年青浦区统计年鉴。

通过对青浦区139个有数据的行政村进行统计分析发现，这些行政村的老龄化率平均已经达到27.97%，集中分布在21.45%～34.49%之间，远高于国际老龄化标准。其中老龄化率最低的村为8.10%，接近10%的标准线；最高的甚至达到62.62%（见图1-7）。青东与青西郊野乡村普遍面临老龄化问题，这一点并没有因为区位和经济发展水平的差异而具有明显区域差别[②]。

---

① 代兵，等.乡村振兴中农民居住策略研究，2017—2018年度市规划国土资源系统"创新与担当"中青年干部研修班（第三期）课题成果［R］.2018.

② 上海交通大学新农村发展研究院.青浦区乡村发展现状调查［R］.2015.

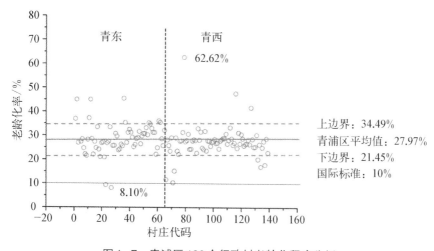

图 1-7　青浦区 139 个行政村老龄化程度分析
资料来源：上海交通大学新农村发展研究院.青浦区乡村发展现状调查［R］.2015.

1.2.3　土地利用

1. 耕地面积持续下降但降速放缓

伴随着城市扩张和土地的非农化使用，全市耕地面积逐步下降。上海市 1978—2016 年间耕地面积整体变化情况如图 1-8 所示。从图 1-8 可以看出，1978 年，上海市的耕地总面积约为 36 万公顷，至 1994 年下降至 29.38 万公顷，2006 年继续下降至 20.8 万公顷，耕地总量减少了将近一半。从下降的速度来看，1978—2005 年，上海市耕地面积年均下降率为 1.5%；2006—2016 年的下降率为 0.47%，2006 年以后的下降速度明显放缓。

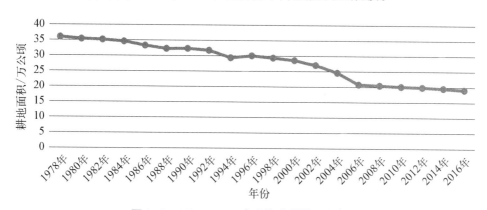

图 1-8　1978—2016 年上海市耕地面积变化
资料来源：1995—2017 年上海统计年鉴。

2. 宅基地总量大、分布散

改革开放以来,上海乡村人口数量持续下降,但是农村宅基地总量并没有相应地减少,反而持续上升。2016年底,上海市农村居民点用地总量为514平方千米,其中宅基地总量为415平方千米,共包括75.5万个宅基地图斑。上海宅基地空间分布上呈现显著的布局分散、单个规模小的特征(见图1-9)。

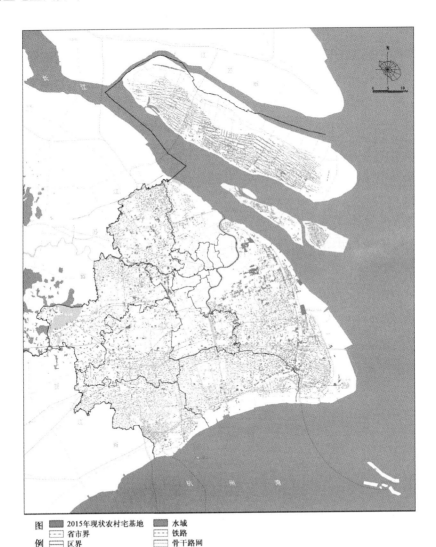

图　■ 2015年现状农村宅基地　　■ 水域
例　┅ 省市界　　　　　　　　　　┅ 铁路
　　┅ 区界　　　　　　　　　　　┅ 骨干路网

图1-9　2015年上海市宅基地空间分布

资料来源:上海市规划和国土资源管理局.上海市城市总体规划编制研究(2016—2040)[R].2017.

以青浦区为例,农村住宅超标现象普遍。根据青浦区当地住房标准,人口在3～5人的农户的宅基地为150～180平方米。而调研情况显示,8个镇142个可获得数据的行政村的户均宅基地面积大多超过了当地的标准,平均值达到353.68平方米(见图1-10)。青西房屋相对老旧,建设年代多在20世纪八九十年代,房屋设施差异较大,居住环境参差不齐;青东的房屋较新,很多为2000年以后建设,房屋设施齐全,居住环境较好[1]。

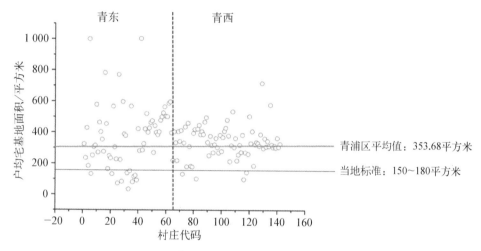

图1-10　青浦区142个行政村户均宅基地面积

资料来源:上海交通大学新农村发展研究院.青浦区乡村发展现状调查[R].2015.

3. 工业用地低用地占比高、零星分布、污染严重

乡镇企业是中国沿海农村地区改革开放的特殊产物,为发展农村经济做出了卓越的贡献。在后工业时代,虽然很多乡镇企业的产业结构和模式已经不能适应当今经济的发展和市场竞争,处于衰落状态,但是农村仍存在大量的工业用地。据2010年土地二次调查结果显示,2009年,上海市建设用地总量达到2 830平方千米,其中工业用地为725平方千米,约占市域陆地面积的11%。与此同时,城市建设用地快速扩张而市域面积有限,导致上海市生态用地空间急剧衰退,耕地流失严重,人均公共基础设施面积严重不

① 上海交通大学新农村发展研究院.青浦区乡村发展现状调查[R].2015.

足等突出问题。工业用地的节约集约利用与低效工业用地的适当退出逐渐纳入政策框架。2009年,上海市以编制《上海市土地利用总体规划(2006—2020)》和《上海市工业用地布局规划(2009—2020年)》为契机,首次开展了工业用地的梳理评估。依据区位、产业结构、用地效益等因素,将全市工业用地分为三类:规划城镇集中建设区内现状104个产业区块和约195平方千米的工业用地,分别简称为"104"产业区块和"195"工业用地;规划集中建设区外现状工业用地总量为198平方千米,简称"198"工业用地。规划和土地管理政策方面,引导"195"区域内的制造业和其他工业向"104"区块内集中,同时推动"195"区域的产业升级、二次开发以及相应的土地用途转换,引导"198"以复垦为生态用地或农用地为主。

根据2015年土地利用"二调"更新数据显示,上海市"198"工业用地面积约为124平方千米,主要分布在郊区。其空间上呈现与生态用地、基本农田交错分布的格局,产权上70%为农村集体建设用地。其使用上主要存在下述问题:一是能耗高且污染排放普遍不达标;二是布局距离河道过近,面积小且零星分散;三是土地利用效益低;四是多为需淘汰的落后产业,对居民就业贡献不高。

据8镇146个行政村的土地利用"二调"更新数据显示,青东地区的工业用地面积较大,高于青西地区;青西地区由于水源保护的需要,工业用地面积较小,但还是有存量(见图1-11)。如何配合"198"工业用地减量化政策做好农村工业用地的退出,是未来郊野土地利用空间治理的重点之一[①]。

1.2.4　基本公共服务

郊区基本公共服务设施的配置水平偏低,与城市之间的差距显著。从医院分布来看,2013年,上海市47家三级甲等医院中仅有14家在郊区;全市48家二级甲等医院中,仅有21家在郊区。从床位数量来看,上海市千人床位数为4.7张,而郊区这一数据仅为3.1张,最低的是青浦区,为2.3张[②]。

---

① 上海交通大学新农村发展研究院.青浦区乡村发展现状调查[R].2015.
② 上海市卫生计划委员会.卫生计生领域推进城乡发展一体化研究报告[R].2014.

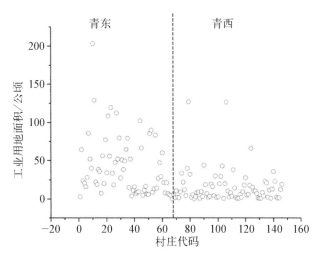

图1-11　青浦区146个行政村工业用地面积分布情况

资料来源：上海交通大学新农村发展研究院.青浦区乡村发展现状调查［R］.2015.

从学校资源的分布来看,中心城区各学段平均的学校建筑面积为13.61平方米/人,而近郊区为11.681平方米/人,远郊区为11.011平方米/人,郊区的学校校舍资源明显少于中心城区。

造成郊区基本公共服务供给水平明显低于中心城区的原因主要有以下几个方面:第一,在长期重城轻乡的政策导向下,教育、医疗等优质公共资源形成了在中心城区集聚的固有格局。虽然2005年以后政策在逐渐引导公共资源向郊区倾斜,但是改变原有的资源分配格局需要一个长期的过程。第二,2000年以后房地产开发逐步从中心城区向地价更低的郊区转移,但是由于规划管理政策滞后,与房地产开发项目相配套的教育、医院等公共服务设施的建设严重滞后。随着郊区外来人口数量的增加,以户籍人口需求提供资源供给的模式已无法适应人口变化带来的大量的新增需求。第三,随着镇乡行政区划的持续调整,一些学校和医疗卫生机构也随之被归并或撤销(如原建制镇中学随着撤镇而取消,社区卫生服务中心成为分中心,几个村卫生室集中成为一个中心村卫生室),导致剩下的学校和医疗卫生机构的服务半径过大,居民上学、就医的实际便捷程度受到影响[1]。

---

① 上海市卫生计划委员会.卫生计生领域推进城乡发展一体化研究报告［R］.2014.

　　以医疗和教育为代表的基本公共服务的消费水平在城乡之间也呈现差异逐渐加大的趋势。1990年至2015年，上海市城乡医疗保健人均消费支出均呈现显著增长趋势，但是城乡之间的差距始终存在，并在2010年达到最大，2010年之后出现了差距缩小的趋势（见图1-12）。同期，上海市文教娱乐人均消费支出同样呈现显著增长趋势。与医疗保健消费水平不同的是，文教娱乐消费水平在城市与乡村之间的差距显著扩大，尤其在2005年之后，乡村居民的文教娱乐消费水平增长缓慢，但是同期城市居民的消费水平加速增长，从而导致两者之间的差距持续扩大（见图1-13）。

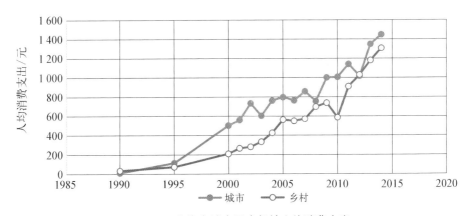

图1-12　上海市城乡医疗保健人均消费支出

资料来源：上海市统计局.上海统计年鉴2017［M］.北京：中国统计出版社，2017.

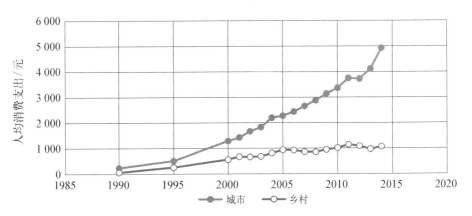

图1-13　上海市城乡文教娱乐人均消费支出

资料来源：上海市统计局.上海统计年鉴2017［M］.北京：中国统计出版社，2017.

1.2.5 乡村集体经济发展

目前,上海郊野乡村集体经济组织按经济发展程度可以分为三类:第一类为发展较好的少数集体经济组织,主要集中在近郊,集体经济快速发展,多为产权制度改革先行村;第二类为发展一般的集体经济组织,占大多数,分布在上海郊区各地,发展比较稳定;第三类为发展较差的集体经济组织,多为经济薄弱村,集体经济不断萎缩。按照2012年村集体组织可支配收入低于人均400元的标准,2013—2017年接受市级财政专项补贴的经济薄弱村还有395个,约占村集体总数的1/4。

上海自20世纪90年代开始推进产权制度改革,截至2015年6月,已有1 017个村完成了村级产权制度改革,占全市村庄总数的60.6%。同时,上海还有15个镇完成了镇级产权制度改革,占全市总镇数的12.3%;52个镇完成了镇级资产清产核资,占全市总镇数的42.6%。截至2014年底,上海市农村三级集体经济组织的总资产为4 106.4亿元,相比上年增长了6.8%。

农村集体经济组织产权制度改革在坚持集体所有制的前提下,将集体资产量化到人,由农民"共同共有"转变为农民"按份共有"的产权制度,是我国不同于国外私有制、在集体产权制度下实现产权明晰的现代产权运行体制。然而,郊野乡村集体产权制度改革虽然明晰了产权,核清了家底,但是不能通过改革实现集体资产的增值。中远郊受地域影响,经济发展乏力;近年来的投资建设都需要以项目的形式落地,但是受用地指标等因素的限制,村级集体经济发展迟缓。

改革对经济中等及以上发展水平的村的农民增收有一定帮助。如2014年闵行区某镇分红总额达到4.19亿元,人均分红3 875元(土地股份合作社按亩分红,因此除外)。闵行区通过改革,增加了农民的财产性收入,使城乡居民收入比缩小到1.47∶1,成为上海市郊区城乡居民收入差距最小的地区。2014年,浦东新区25个村级集体组织分红总额达到6.47亿元,人均分红1 047元。

相比之下,经济薄弱地区的分红比较少。如松江区新浜镇,2014年该镇分红总额为0.13亿元,平均每人分得347元,增收能力十分有限。另外,截至

2014年底，在完成改制的784家村集体经济组织中，只有147个村（18.75%）实现了分红，大部分集体经济组织还无法通过改革提高农民收入。尤其在经济薄弱村，如果集体经济进一步萎缩，改革不仅不能缩小城乡差距，反而会通过红利分配扩大农村内部的收入差距。

1.2.6　发展现状特征

自20世纪90年代中后期以来，上海市政府开始重视城乡一体化发展并不断完善促进乡村发展的各项措施，乡村经济社会发展取得了显著的进步。农村居民可支配收入从改革开放之初的401元增长到2014年的21 192元。然而，上海作为已经处于高度城市化和后工业化时期的国际大都市，准确判断郊野地区的发展现状特征，引导郊野地区的发展转型，无疑将对上海顺利迈向卓越的全球城市产生重大影响。

1. "镇—村"规划体系失效

"镇—村"规划是郊野地区转型发展的空间引导基础。2013年，上海市规划国土资源局对2006年提出的"1966"城镇空间体系进行了评估，结果发现中心城、新城和新市镇代表的城市地区实现了比较好的发展，但是600个中心村规划基本未实施，乡村地区与中心城、新城和新市镇的差距进一步扩大。全市不同镇在郊野空间体系中的地位和特色也不明确，偏重形态调整和用途管制，功能引导不够明显。此外，在乡村地区还分散着1.5万家小型低效企业。由于"镇—村"规划体系的失效，导致乡村功能空间布局不合理，不仅会增加农业规模化经营的难度，降低土地开发的强度和利用效率，更难以保障公共服务和基础设施配套水平；生产、生活污染处理设施的落后，也不利于乡村生态环境的改善。

2. 基本公共服务资源配置不足

上海郊区常住人口和农业人口数量持续下降，但是外来人口快速增长，人口的老龄化程度持续增强。这些人口的变化特征进一步凸显了郊野地区公共资源配置不足的问题。郊野地区存在的教育、医疗、养老等基本公共服务资源配置严重不足、质量不高、导向不清，配置方式脱离郊区农村人口的实际需求等问题，都是未来都市郊野可持续发展面临的重要挑战。

3. 稀缺的建设用地资源利用低效

郊野土地使用集约度不高,宅基地总量偏大、布局零散、效益较低、配套薄弱等问题并未得到有效解决。这既不符合土地节约集约利用的管理要求,也无法满足农村居民改善人居环境、提高生活品质的需求。一些存量闲置或低效使用的其他非农建设用地,亟须整理、复垦或盘活。

4. 乡村产业转型方向未定

随着农业规模化水平的提升,农业从业人口持续大规模缩减,耕作不再是农村户籍家庭经济收入的主要来源。乡村地区产业经济支撑不足,村域可用资源、发展空间等都非常有限,普遍缺乏经济增长点和内生"造血"机制,现有的功能转型升级或新项目引进也面临一些政策机制瓶颈。

第 2 章

大都市郊野空间治理的理论框架

　　20世纪70年代以来城市治理向空间的转向,促进了空间治理的发展,体现了空间作为城市治理载体的观点,这与地理学中一直强调的空间作为经济社会活动的映射的观点殊途同归。虽然空间治理缘于调整乡村土地利用格局,但是长期以来重城轻乡的研究偏好使目前中国空间治理的研究集中于城市建成区的治理,而从大都市城乡一体化视角出发的空间治理研究仍属凤毛麟角。

　　本章从乡村振兴战略和上海建设卓越的全球城市的政策背景出发,构建一个大都市郊野空间治理的理论框架。首先,本章梳理了治理向空间转向的学术研究脉络,界定了空间治理的内涵、类型与手段;其次,从城乡融合共生的价值观出发,重新审视和定义大都市郊野的价值;最后,提出大都市郊野空间治理的目标导向与关键研究的内容架构。

2.1　治理与空间治理 ▷▷

2.1.1　治理的内涵

　　治理是20世纪90年代在西方公共管理领域迅速兴起的一个概念。不同于传统自上而下、以行政强制力为主导的政府统治或政府管理(government),治理的出现是为了应对因全球化竞争、弹性经济体系、民众力量成长等新背景而产生的国家危机,以及西方早先激进新自由主义化进程所带来的严重的社会与政治矛盾(Walder,1995;Wu,1999)。在此背景下,以当时的英国首相布莱尔倡导的第三条道路为代表,西方国家开始超越凯恩斯主义与新自由主义之争,探寻一条政府、市场与社会组织相互合作、多元协同的治理模式,即出现了所谓由政府管理向治理的转变(张京祥、陈浩,2014)。

　　"治理"的内在含义是国家事务和资源配置的协调机制。与此前的"管制"概念不同,"治理"强调的是多方参与,其中政府仅是参与的一方,其他方面包括市场机制、社会参与、法制等(刘卫东,2014)。

　　"治理"摒弃了传统的二分法(如市场与计划),承认政府、市场、社会和法制在国家管理中的不同作用,因而它是个中性概念。即使是在资本主义国家,也有所谓的"莱茵模式"和"安格鲁—美国模式"(Peck & Theodore, 2007)。中国传统文化中强调:求同存异,和而不同;和实生物,同则不继;己所不欲,勿施于人;大道之行也,天下为公;天时地利人和;因地制宜、因人而异。费孝通先生曾经说:"各美其美,美人之美,美美与共,天下大同。"[①] 我国现代政治文明也强调:和平共处;互尊互信,合作共赢;搁置争议、共同开发。习近平总书记在阐述中华传统文化的时代价值时,将其概括为"讲仁爱,重民本,守诚信,崇正义,尚和合,求大同"。这些都强调了中华文明中崇尚多元协调的"和"文化基因,其本质也包含着治理的内涵要义(张京祥、陈浩,2014)。

2.1.2　空间治理:治理的空间转向

　　20世纪60—70年代,对空间及城乡规划的本质理解发生了重大变化。空间不再被看成是僵死的、外在于社会活动的容器,空间本身是政治性的,既是社会政治实践的产物,又是政治经济结构再生产的工具,这就是同"历史辩证法"并驾齐驱的"空间辩证法"(张京祥、陈浩,2014)。在"治理"理念与"空间"视角的基础上,空间的治理转向和治理的空间转向,是当代"空间治理"概念的两个理论渊源。

　　空间治理是从"空间"这一独特视角研究公共治理的理论。在当下,无论理论界还是实践界对公共治理研究的侧重点均比较单一。例如,治理主体的关系、治理的方式和手段、治理的价值及其评估等,很少会对治理发生的地点、场所、空间给予充分的重视。不仅如此,有些学者视这些因素为稳定不变的外在条件,仅将其当作背景或者前提而不予较多的考察。即使是在当前较为主流的地方治理、城市治理、区划治理、全球治理中有明确的基

---

① 1990年费孝通先生在80寿辰聚会上就"人的研究在中国——个人的经历"主题进行演讲,并提出了16字箴言:"各美其美,美人之美,美美与共,天下大同。"

于空间的研究内容和成果,但依然没有达到精细化的程度,多是统而概之。尤其是在涉及特定群体的地域性治理问题时,较少考虑到各类群体的空间位置以及空间对治理的限制性和约束性作用(徐冠男,2016)。

20世纪90年代,北美学界将治理理论应用到城市空间中。增长机器(Growth Machine)和增长联盟理论(Growth Coalition)认为地方政府与商业精英、私人企业以及民间团体进行合作,对城市土地和空间进行治理运作以推动城市经济增长。城市政体理论(Urban Regime Theory)则强调多元主义以及非正式制度安排,更加注重分析政府、企业、社团在治理过程中,不同的"城市政体"组合产生截然不同的城市治理绩效(熊竞等,2017)。

空间治理是指通过资源配置实现国土空间的有效、公平和可持续的利用,以及各地区间相对均衡的发展(刘卫东,2014)。"空间治理"这一概念被应用于最为复杂的中国当代城镇化、城市群、区域协调等研究领域。"城市病""存量规划""城市更新""社区建设与发展""回归日常生活"等,又进一步使城市空间兼具政治属性和社会属性(熊竞等,2017)。地理学者将空间治理作为实现国土空间资源有效配置的手段,顾朝林(2000;2001)、沈建法(2000;2001)、张京祥(1999)、方创琳(2007)、吴骏莲和崔功豪(2001)等学者最早开始这一方面的研究,主要包括全球治理、跨区域治理、城市治理和社区治理等多个领域,其成果也较为丰硕。国内学者杨雪冬(2011)认为在市场化、信息化、工业化、全球化进程中,基层空间已发生深刻变化,原有的以公共权威主导且追求稳定的空间治理模式未能及时调整,使得空间再造与组织调整之间产生错位、不对称问题,重构基层治理空间在于空间的再划分及再组织化过程。朱国伟(2013)指出城镇化过程中,由于空间变迁而带来权利、利益的激烈调整甚至冲突,导致空间排斥、隔离和失序,为实现空间正义和公平,需进行空间修复。

2.1.3　空间治理的类型与手段

从空间治理的实践来看,按空间类型可分为三大类型,即经济空间的区划治理、社会空间的区划治理和行政空间的区划治理(熊竞等,2017)。① 经济空间。该类型的典型代表是以企业集聚为主的各类开发区。各地倾向于引入行业协会商会、业界精英、社会组织等加入开发区的管理,与管委会共同形成合作治理的格局,如上海浦东陆家嘴金融贸易区、深圳前海特区等施行的"法定机构+业界自治"模式,上海张江高科技园区设立的园区发展事务协商促进会等。② 社会空间。该类型集中体现为各类社区、住区、学区等。2016年,上海在全市郊区街镇和居村之间设立首批67个基本管理单元(原则上每个单元约2平方千米、2万人规模),以提升社会治理的有效性、公共服务的可及度和居民参与的便利性;闵行区拟在全区街镇与村居之间设立100个邻里中心,每个邻里中心覆盖4~5个居村委。③ 行政空间。行政逻辑下的空间划分即行政区划,强调国家政权建设、经济发展和社会稳定。其典型代表是京津冀一体化、长三角区域合作、粤港澳大湾区、城市群协调开发合作组织等,以及新区新城管理体制、功能区域、区镇联动、开发区代管街镇等。

空间治理的方式多样,主要分为空间塑造、空间修复和空间重构(徐冠男,2016)。空间塑造是空间治理的基本方式。塑造意味着或在一块新的土地上构建全新的场所,或在一个新的空间创造新的环境,或在一个领域树立新的思想观念和价值追求等。空间修复是空间治理的重要手段。徐冠男(2016)将"空间修复"归纳为三种形式:第一,不断地降低空间障碍,借助运输和通信等技术减少路程阻力;第二,不断地寻求最优区位,资本向资源丰富、成本低、利润高的地区转移;第三,不断地组建各类联合体,积累资本创造更大的推动力和竞争力。空间重构是空间治理的必然过程。空间重构包含着一个内在的前提——"空间解构",即先"解"然后再"构",所以它是一个既破又立的过程。

我国的空间治理制度具有强烈的"分治"特征。土地权利的赋予是分部门、分阶段、分层级赋予的(见图2-1)。分部门赋权是指完整的土地空间权利是由各个部门分别赋予的权利所构成的集合。这是我国空间治理制度的突出特征。据不完全统计,我国各种类型的规划至少有80种,其中经法律授权的有20余种,这说明土地赋权过程被分割的程度较高(桑劲、董金柱,2018)。市场化改革的不彻底,导致各政府部门都有扩张自己权力边界的强烈冲动,导致公共利益部门化、部门利益法定化。这在"两规"冲突中表现得十分突出："规划下乡、国土进城"导致"两规"的管理空间高度重叠，两部法律支持下的两个规划在过去十多年中互不衔接、相互掣肘的倾向日趋严重，让地方政府无所适从，苦不堪言，已经严重影响到经济社会的发展效率，整合"两规"成为各方的基本共识。面对这一难题，中央最终选择将城乡规划职能转入以原国土资源部为班底组建的自然资源部的解决方式，虽出乎许多人的意料，但却与我国当前发展形势、背景密切有关（邹兵，2018）。

近十年来，中国空间治理的特点是"自下而上"力量的加强。2005年以来，国务院批复或由国务院常务会议审议通过了大量的区域规划或区域性指导意见。这些规划或意见中，有的来自中央的意志，有的则是地方的意

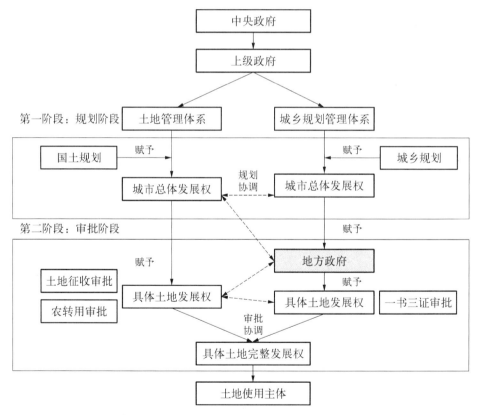

图2-1　我国空间治理制度（以土地管理和城乡规划管理体系为例）

资料来源：桑劲，董金柱."多规合一"导向的空间治理制度演进——理论、观察与展望[J].城市规划，2018（4）.

愿。不少具有地方意义的区域战略,在地方政府的积极游说下通过了国务院的批复,纷纷成为"国家战略"。实际上,这反映了中央与地方关系的新变化,体现出在现有治理结构下"自下而上"力量的加强。这些现象也表明中国目前的空间治理单元过于宏观,需要降尺度、精细化和精准化(刘卫东,2014)。

2.2　大都市郊野价值再定位 ▶▶

2.2.1　大都市郊野价值再定位的政策背景

2017年10月,党的十九大胜利召开,做出了新时代我国社会主要矛盾已经转化为人民日益增长的美好生活需要和不平衡不充分的发展之间的矛盾的重要论断,确立了新时代坚持和发展中国特色社会主义的基本方略。会议提出"坚持人与自然和谐共生",明确了实施乡村振兴战略和区域协调发展战略。乡村振兴是以农村经济发展为基础,包括农村文化、治理、民生、生态等在内的乡村发展水平的整体性提升。要按照产业兴旺、生态宜居、乡风文明、治理有效、生活富裕的总要求,统筹谋划农村经济建设、政治建设、文化建设、社会建设、生态文明建设和党的建设,注重协同性、关联性、整体性,推动农业全面升级、农村全面进步、农民全面发展。

在此之前,为调整城乡发展战略与引导乡村政策,截至2019年3月,中央一号文件的主题连续16年锁定"三农"领域。党的十六大报告最早提出"统筹城乡发展"思想。十六大报告指出:统筹城乡经济社会发展,建设现代农业,发展农村经济,增加农民收入,是全面建设小康社会的重大任务。其主要目的在于解决"三农"问题,消除城乡二元经济结构。2003年10月,党的十六届三中全会在统筹发展思想上有了进一步的拓展。十六届三中全会明确提出了统筹城乡发展、统筹经济社会发展、统筹人与自然和谐发展、统筹国内发展和对外开放。2007年,国家发展和改革委员会在《关于批准重庆市和成都市设立全国统筹城乡综合配套改革试验区的通知》(发改经体〔2007〕1248号)中,要求重庆市和成都市要从实际出发,根据统筹城乡综合配套改革试验的要求，全面推进各个领域的体制改革，并在重点领域和关键环节率先突破，大胆创新，尽快形成统筹城乡发展的体制机制，促进城乡经济社会协调发展，也为推动全国深化改革，实现科学发展与和谐发展，发挥示范和带动作用。

2005年10月，党的十六届五中全会通过的《中央关于制定"十一五"规划的建议》，在改革开放之后首次提出社会主义新农村建设的历史任务，要求"必须促进城乡区域协调发展。全面建设小康社会的难点在农村和西部地区。要从社会主义现代化建设全局出发，统筹城乡区域发展。坚持把解决好'三农'问题作为全党工作的重中之重，实行工业反哺农业、城市支持农村，推进社会主义新农村建设，促进城镇化健康发展"。并提出"生产发展、生活宽裕、乡风文明、村容整洁、管理民主"的社会主义新农村建设总要求。2006年，《中华人民共和国国民经济和社会发展第十一个五年规划纲要》第二篇的题目即为《建设社会主义新农村》，并且从"发展现代农业、增加农民收入、改善农村面貌、培养新型农民、增加农业和农村投入、深化农村改革"六个章节来详细描述如何建设社会主义新农村。

党的十八大第一次提出了城乡统筹协调发展、共建"美丽中国"的全新概念，强调把生态建设融入经济社会建设的各个方面。2013年，中央一号文件提出了建设"美丽乡村"的奋斗目标。2013年7月22日，习近平总书记去进行城乡一体化试点的湖北省鄂州市长港镇峒山村调研时提出，实现城乡一体化，建设美丽乡村，是要给乡亲们造福，不要把钱花在不必要的事情上，比如说"涂脂抹粉"，房子外面刷层白灰，一白遮百丑；不能大拆大建，特别是古村落要保护好。习近平总书记在2013年底召开的中央农村工作会议上进一步强调，中国要强，农业必须强；中国要美，农村必须美；中国要富，农民必须富。2014年，农业部开展了中国最美休闲乡村和中国美丽田园推介活动。在此之前，浙江省安吉县早于2008年就正式提出"中国美丽乡村"计划，即用10年左右的时间，把安吉县打造成为中国最美丽的乡村，使之成为继"中国竹乡"、首个"全国生态县"之后的第三张国家级名片。安吉的"中国美丽乡村"建设已在全国引起强烈反响，成为全国关注的焦点。

2.2.2　大都市郊野价值再定位

以欧美、日韩为代表的发达国家经历了从"生产主义"到"后生产主义"再到"多功能乡村"的基本演化路径。而乡村多功能是指农业和乡村作为一个整体可以提供多样性的生态、景观、社会和文化性质的商品和服务（Iker Etxano 等，2018）。"多功能农业"首次出现于1992年里约地球峰会发布的《21世纪议程》中（Van Huylenbroeck 等，2007）。20世纪90年代末，欧盟（EU）把多功能性作为应对欧洲农村空间转型的重要方向（European Commission，1999）。这一指导政策迅速推广到大多数的发达国家，并塑造了当今世界对于乡村价值多元认识的主流观点。

在经历了40年的改革开放和快速的城市化发展后，关于乡村功能的讨论，离不开城市化和城乡关系的整体语境。2013年底召开的中央城镇化工作会议中，新型城镇化使用了"望得见山、看得见水、记得住乡愁"这一诗意化和文学性的表述方式，引起了社会各界对乡村存在的意义和价值的重新思考。在高速城镇化的背景下，乡村系统与外援系统的相互交流和影响，特别是城乡两大系统之间的物质和文化交流引起了传统乡村功能的逐渐分化。尤其是在大都市郊野地区，乡村功能内涵不断从生产和生活向生态、文化、服务、休闲等多元功能拓展。上海要代表中国参与全球竞争，到2035年，上海要基本建成追求卓越的全球城市，建成社会主义现代化大都市。郊野作为上海大都市的重要组成部分，在未来既是建设生态文明的主战场，也是发展上海文化的沃土，更应该是推动上海参与全球竞争的重要战略空间（刘静，2018）。

（1）大都市郊野的农业价值仍然是最基本的价值。学者们普遍认为农村地区本质上是农业生产空间，农业生产功能是保障国家粮食安全、促进乡村经济发展的基础性功能（王鹏飞，2013）。都市农业发展已渗透到经济、社会、环境和空间各方面，成为城乡和谐发展的关键和基本保证（杨振山、蔡建明，2006）。在对粮食和耕地安全、食品安全日益重视的今天，乡村的农业价值作为首要功能，从传统强调农业价值产生的数量向农业价值产生的质量转变。

（2）大都市郊野的生态底线价值。伴随着中国城镇化率的快速增长，城镇化空间形成了大分散和蔓延式的扩张，大量挤压和侵占了具有自然生态功能的土地，水面、林地、农地的非农化转化，损坏了土地生态结构和景观功能的完整性。以上海市为例，2011年全市建设用地占总土地面积的比例达到43.6%，生态空间已接近底线。大都市郊野作为城乡发展的重要绿色空间和生态屏障，是保障粮食安全、保护生物多样性、发展低碳经济、应对气候变化的重要战略空间。

（3）大都市郊野的田园价值。在新型城镇化的背景下，乡村超越了经济、生态等功能实用主义的理解，而具备了极其重要的人文价值。乡村是我们的祖先耕作劳动、繁衍生息的地域，以此附带了集体的记忆。在传统文化的影响之下，中国人往往会将原本针对逝去时光和家园的"怀旧"投射到乡村的语境中，一个繁荣复兴的、可以寄托文明归属和历史定位的乡村因此具备了重要的人文意义（申明锐、张京祥，2015）。大都市郊野的田园价值，既包含传统的乡村居住功能，又新增了寄托"乡愁"的精神文化价值。而田园价值面对的对象，也从原来的农民向由城市反流回乡村的新居民转变。2018年，上海提出将乡村打造成"田沃宜耕，水清可灌，径通可至，林幽可隐，景美可赏，人居可适，民富可留，业优可达，乡风可咏"的新江南田园，重点强化江南田园环境肌理、江南水乡村庄布局、"粉墙黛瓦"的江南民居的典型特征传承等（市规划和国土资源管理局，2018），就是大都市郊野田园价值的新体现。

2.3　大都市郊野空间治理目标与研究架构 ▶▶

Terry marsden 于1996年在 *Process in Human Geography* 杂志上发表了 *Rural geography trend report: the social and political bases of rural restructuring* 一文，首次提出把空间治理作为农村土地利用的一种手段（Marsden, 1996）。然而，大部分文献都在城市维度研究空间治理，对空间治理在乡村层面的应用关注极少。新时代我国社会主要矛盾已经转化为人民日益增长的美好生活需要和不平衡不充分的发展之间的矛盾。面对改革开放40年来快速城市化进程中人口、土地、生态等要素的变化及其对整体经济社会可持续发展的系列挑战,中央提出了乡村振兴和生态文明等重大发展战略,因此,空间治理的研究视角从长期关注城市转向城市外部的郊野空间成为发展的必然。

2.3.1　大都市郊野空间治理目标

空间治理的根本目标是实现空间正义。城市空间公平的出现可以追溯到柏拉图在其"理想国"的构想中所提出的主张,他强调空间本质上就是一种正义,一种在人类社会中不同等级的人应相对平等地享受社会资源的理想状态(冯周卓、孙颖,2018)。在城市发展过程中,应充分顾及不同利益群体的价值偏好和利益需求,保障具有社会价值的资源和机会在空间的合理分配是公正的。正由于空间公平直接影响到公共资源和公共福利的分配,通过空间治理达到公共资源的公平分配,这是人类追求的理想之一。

徐冠男(2016)综合西方学界对"空间正义"的论述,将"空间正义"的具体内涵概括为七个方面,其目的是让原本抽象的、难以捉摸的概念具体化,从而更适用于政策的分析、评估等操作。这七个方面分别是:第一,一些优质的、有价值的社会资源和机会,包括就业机会、医疗保健、公共交通、教育机会、良好的空气质量等,应在空间中合理、公正的分配。第二,空间政治组织应当将社会对弱势群体的剥夺减少到最低限度。一些空间的政治组织正是空间不正义的祸根,比如不公正的选区划分、城市投资的"红线歧视"、排斥性的分区规划、制度化的居住隔离等。第三,避免对贫困阶层的空间剥夺和弱势群体的空间边缘化。把弱势群体从边缘化的压制中解放出来,使其平等地进入空间特别是公共空间,参与社会生活。第四,保障公民个人和群体平等地分享有关空间生产和分配的机会,增强弱势群体表达意见的能力。第五,尊重不同空间的多样文化,消除空间的文化歧视和压制。社会正义的多样性要求的不是消除差异,而是尊重不同空间群体的差异。第六,任何容忍、鼓励甚至合法化针对特定空间群体的社会和系统性暴力都应被视为不正义。例如,在空间上对特定群体的排斥甚至驱逐。第七,环境正义要求保护不同空间群体的环境公正。任何空间的环境保护和社会经济发展不能以损害其他空间特别是弱势群体空间的环境正义为代价。

然而,从不同的层面研究空间治理,空间治理的目标差异很大。国家或者区域层面的空间治理更加侧重于不同行政单元通过自身的资源整合,从而可以形成不同空间单元之间的协作关系,并可以形成一个长久的可实施的空间治理机制。大都市区尺度的空间治理侧重空间内部的治理体系的优化,使得空间治理能够在新的治理体系下各司其职,保障空间治理的顺利进行。城市尺度的空间治理更侧重空间单元内部的产业结构调整和优化,通过一系列空间治理的政策引导空间发展(秦李虎,2015)。在今后空间治理的目标上,应包括以下三个维度:增强空间开发效率(特别是培育和加强全球竞争力)、保持空间开发的均衡性(维护社会公平与和谐)、加强国土空间的安全(注重生态安全、资源保障和地缘稳定)(刘卫东,2014)。支持生态文明建设是当前空间治理的重点任务。国家规划机构及其职能的设定和调整,既与当前面临的形势、治理重点和价值取向密切相关,也与中央对于各职能部门落实国家战略的手段、力度和预期效果的认识和判断有关,但却与该项职能所依赖的学科研究基础是否扎实、行业技术力量是否雄厚、技术储备是否充足并没有必然联系(邹兵,2018)。

根据前文大都市郊野发展现状和特征剖析及在新时代背景下价值的重新定义,本书认为大都市郊野空间治理的具体目标包括:促进基本公共服务的均等化,提高空间体系的均衡性,加强郊野空间的生态性,增强资源利用的高质性。

1. 促进基本公共服务均等化

虽然许多学者认为任何现实空间公平的实现都受到文化、政治、社会等诸多因素的影响,但是空间公平最终仍将通过物质空间的资源分配形式来反映。2017年,国务院发布《"十三五"推进基本公共服务均等化规划》(国发〔2017〕9号),将基本公共服务均等化定义为全体公民都能公平可及地获得大致均等的基本公共服务。基本公共服务设施是建立社会安全网、保障全体社会成员基本生存权和发展权的必不可少的资源。其空间布局合理与否直接关系到不同群体对于基本公共服务设施的接近程度是否公平。同时，重要的公共服务资源的配置是否高效、合理，是实现城乡公共服务均等化的前提和空间保障，关系到乡村振兴目标能否顺利落实。

大都市郊野目前面临公共服务设施配置滞后的突出问题。以上海为例，大部分郊野地区公共服务水平与中心城区存在显著差距，尤其是医疗、教育和养老等基本公共服务配置较少。空间治理的首要目标是从保障和提高空间公平的价值导向出发，完善"镇—村"级公共服务设施布局，缩小城乡差距，推动郊野新价值的实现。

2. 提高空间体系的均衡性

大都市郊野已成为经济、社会、环境等要素的综合承载空间，协调、可持续发展是乡村振兴的重要内涵。而尊重乡村在功能发展上的多样化选择是乡村振兴的关键。从乡村地域空间的"要素—结构—功能"理论出发，大都市郊野空间体系的优化布局是促进乡村经济社会转型发展的空间基础，这也是国土空间规划领域中关注乡村振兴的主要切入点之一。就改革开放以来上海郊野地区村庄发展的过程和空间布局现状来看，大都市理想的"核心镇、中心镇、一般镇、集镇社区和村庄"协调发展的城乡空间体系尚未形成，并且面临着中观政策失效带来的路径困惑。集约高效的"镇—村"体系布局亟须寻找新的实现路径。以都市郊野乡村的客观发展现状和空间布局特征为依据，寻找"镇—村"尺度的空间布局优化的规划和政策路径，从而提高郊野空间体系的均衡性，构成了大都市郊野空间治理的基础目标。

3. 加强郊野空间的生态性

无论是从城乡共生的视角还是居民心理需求的现实出发，大都市郊野乡村所具有的丰富的生态资源都是它独特的优势所在。坚持人与自然和谐共生，走可持续发展的绿色发展道路是乡村振兴的必由之路。通过大都市郊野空间治理，对农村生态系统进行修复、保护，对农村环境进行综合治理，要把农村的生态资源保护好、发展好，实现乡村振兴。

从总体空间格局上，推动大都市郊野转型，形成与大都市中心发展战略相对应的多层次都市绿色发展中心，构建独具特色的全球城市"经济中心、绿色中心"双螺旋结构，实现全域一体的都市双向耦合发展格局。要加大绿色中心的建设力度，形成从市中心到远郊的逆向增长螺旋，依次形成城

市公园等小片绿地、以开敞生态空间为主体的城乡融合示范区、以农业资源
为本底的活力乡村核心区以及以湿地等为主体的都市自然地绿色序列,如
图2-2所示(刘静,2018)。

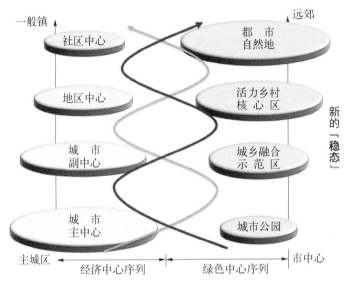

图2-2　大都市郊野空间格局的基本结构

资料来源:刘静.以全域土地整治助力乡村振兴——新时代全球城市土地整治发展导向的若干思
考[R].2018-08-31.

4.增强资源利用的高质性

中共十九大和中央经济工作会议做出了"中国特色社会主义进入了新
时代,我国经济发展也进入了新时代"的重大论断,指出新时代我国经济发
展的基本特征是我国经济已由高速增长阶段转向高质量发展阶段。土地是
上海最稀缺的资源,高质量利用土地是实现上海高质量发展的基础。面对
上海土地开发建设强度高、建设用地增量空间小、土地利用效率低等现状,
上海已从以增量扩张为主的增长型发展全面转入了以提质增效为主的转型
发展新阶段。

大都市郊野土地资源利用存在集约利用程度不高,尤其是低效工业用
地和农村建设用地数量大、布局散、污染风险高等问题,是全市土地资源高
质量利用的关键所在,也是盘活存量土地资源的关键所在。通过大都市郊

野空间治理,实现土地资源的高质量利用,不仅是促进郊野地区转型发展的目标,也是实现上海高质量发展的要求。

2.3.2　大都市郊野空间治理研究架构

中国空间治理的主要手段,包括规划体制、土地制度、户籍制度和财税体制。然而,目前来看,空间治理在中国的应用集中在规划和土地领域。

2003年编制的《珠江三角洲城镇群协调发展规划(2004—2020)》,建立了跨行政区的政府协商互动机制,开始了区域空间治理在中国的探索,被认为是中国最早进行区域治理的案例。韩守庆、李诚固和郑文升(2004)在长春市城镇体系规划中提出了分区差异化开发、区域内部和区际协调管理等空间治理思想。艾勇军和肖荣波(2011)归纳了非建设用地规划的不同类型,并从空间治理的角度提出其发展转向和规划方法。以上在规划中贯彻空间治理思想的多是城市规划领域的学者,多用"空间管治"代替"空间治理"(乔花芳,2015)。

在中国特色空间治理体系中,政府是通过管人(干部、人口流动)、管财政(税收、金融)和管地(建设用地管制、用地功能管制)来实现空间治理的(刘卫东,2014)。因此,空间治理又形成了向土地赋予一系列的空间权利的过程——包括土地所有权、使用权、空间发展权(如容积率、使用性质)、排放权等诸多权利(桑劲、董金柱,2018)。

本书正是从规划和土地治理的角度出发,构建大都市郊野空间治理的研究架构,如图2-3所示。

首先,基于大都市郊野现状特征和郊野价值的再定义,本书提出大都市郊野空间治理的四个现实目标,分别是促进基本公共服务的均等化,提高空间体系的均衡性,加强郊野空间的生态性,增强资源利用的高质性。

"镇—村"规划是郊野地区转型发展的空间引导基础。2006年,上海提出的"1966"城镇规划体系,规划未来建设600个左右的中心村。然而,对于为什么确定600个中心村,以什么样的科学依据确定这些中心村,以及如何引导这些村庄的发展等问题都缺少严谨、合理的认证,这也是至今"镇—村"规划体系尚未解决的问题。因此,提出一个基于乡村发展理论的"镇—

村"规划体系,镇级规划强调整体功能引导,村级规划强调细部格局调整,是大都市郊野空间治理的现实基础,也是大都市郊野空间治理研究的必要内容。

其次,本书遵循由结构到功能的规划和土地管理研究逻辑,以整体大都市郊野"镇—村"规划空间体系为依托,从功能上依次提出空间治理的四个关键内容,即通过基本公共服务空间提高公共服务均等化水平,通过建设用地空间治理增强资源利用的高质性,通过郊野公园型空间治理加强郊野空间的生态性,以及通过居民对空间治理的响应来反馈治理的有效性。通过一个整体结构和四个关键功能的系统治理,不仅实现了大都市郊野空间治理的预设目标,而且有力地推进了大都市郊野新价值的实现(见图2-3)。

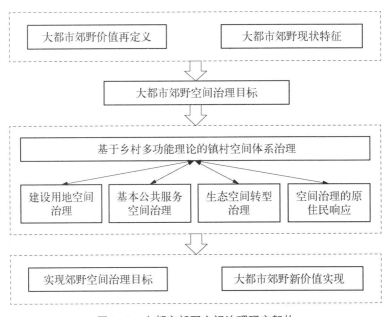

图2-3　大都市郊野空间治理研究架构

第3章
大都市郊野"镇—村"
空间更新规划

　　镇与村是大都市郊野的基本治理单元。"镇—村"空间等级与定位的规划影响着整个空间的格局与功能,也是实施空间治理的基础所在。20世纪90年代以来,上海市历次空间体系规划在镇、村尺度失效的现实,反证出大都市郊野空间具有与城市不同的特质,需要以乡村发展的规律为理论基础探索一个规划尺度下沉的新方法。

　　本章试图寻找一种基于乡村多功能和乡村空间更新为理论支撑的大都市郊野"镇—村"空间更新规划方法。在理论分析的基础上,以青浦区为案例,分析了青浦区在镇域尺度和村域尺度的多功能空间格局特征,基于此,提出了"镇—村"发展类型划分方法与"镇—村"空间更新规划设想。

3.1　理论基础 ▷▷

3.1.1　乡村多功能

1. 概念与内涵

　　乡村多功能起源于农业多功能。1992年在里约热内卢"环境与发展"地球峰会上提出,将"农业多功能性"(agricultural multifunctionality)定义为:除粮食、纤维等生产的初级功能外,农业活动亦可塑造景观、提供环境利益,例如土地保护、可更新自然资源的永续发展及生物多样化,以及有益于许多乡村地区的社会经济活力(Huylenbroeck,2011)。John Holmes(2006)从生产、消费和保护三个方面来阐述乡村多功能,并在乡村多功能研究的基础上梳理出7种乡村发展模式。Rebecka Milestad(2008)将乡村多功能简化为本地农场所拥有的具有当地特点的多功能,并提出地区特征与农场的多功能存在着相互依赖的关系。从乡村地域转型过程入手,深入地对乡村地域多功能转型问题进行更加系统科学的理论分析,指出土地不仅具有提供粮食的功能,还具有生态、社会等功能。Willemen(2010)等将荷兰乡村地域划分为居住、集约化生产、文化遗产、旅游观光、生态系统、耕地生产、休闲7大功能,并基于此研究了各功能间的相互作用。经合组织(OECD)农业部长委员会宣言把农业多功能定义为:除了具备生产食物和纤维的功能以外,农业还具有景观塑造、生态环境保护和促进乡村经济社会发展的功能(Maier and Shobayashi,2001)。

改革开放40年以来,中国快速城市化带来了人地关系、区域关系、城乡关系及土地利用格局的巨大变化,促进了不同类型区域的转型发展和功能再定位(刘彦随,2007;龙花楼等,2009)。其中,乡村作为与城市相对的一种地域空间,其类型和功能的多样性属性日益明显,逐渐呈现出功能多元化的特征(龙花楼,2012)。乡村地域多功能是指一定发展阶段的特定乡村地域系统在更大的地域空间内,通过发挥自身属性及与其他系统的共同作用所产生的对自然界或人类发展有益作用的综合特性,既包括对乡村自身需求的保障功能,也包括对城镇系统的支撑作用和与其他乡村系统的协作功能(刘彦随等,2011)。刘玉等(2011)从"态"和"势"两个方面,即乡村地域历史功能变化和乡村地域功能的发展趋势来概括乡村地域多功能的演进过程,并从不同的角度划分乡村地域的多功能。按功能的共通性,将乡村地域多功能划分为一般功能(生存功能)和特殊功能(发展功能);按功能的作用强度,将乡村地域多功能划分为主导功能(主要功能)和辅助功能(次要功能);按功能的表现形式,将乡村地域多功能划分为显性功能和隐性功能;按功能的服务对象,将乡村地域多功能划分为基本功能(满足乡村地域以外的区域的功能需求)和非基本功能;按服务地域空间范围,将乡村地域功能划分为国际性、全国性、大区级、省区级、区域性和地方性乡村功能;按功能和属性,将乡村地域功能划分为经济、社会、生态等一级功能,以及粮食生产、旅游休闲度假、生态保育、资源供给等二级功能;按未来变化,将乡村地域功能划分为需优化的功能、需强化的功能、需弱化的功能和需转化的功能。李平星等(2014)将乡村地域功能分为生态保育、农业生产、工业发展、社会保障四个功能。房艳刚(2015)则从理论范式揭示乡村多功能内涵,说明乡村地域主要有三大功能:一是通过农业生产空间,永续地提供充足的资源;二是通过生态空间为非自律的城市生态系统提供环境负熵流,容纳、消解污染物;三是通过聚落空间(体系)响应和引导区域城乡人口变化趋势,提供理想的栖居空间。

2. 乡村多功能评估

在研究乡村地域多功能的过程中,学者评估乡村多功能通常采用成本效益方法(CBA)和多指标方法(MCA)。但是在解决环境问题上,成本效益方法缺少理论与现实的支撑。因此,学者们逐渐对评估乡村多功能问题达成一致,即采用多指标方法评价乡村多功能。

Antonio Gómez-Sal(2003)采用多指标方法评价乡村多功能。Antonio Gómez-Sal(2007)更进一步地将货币度量添加到评估方法中,形成新的多功能评价方法。将多功能细分为生态、生产、经济、文化和社会等功能。生态功能由可持续能力、保护价值等指标衡量;生产功能由生态一致性、生产率等因素决定;经济功能由专业化程度和熟练程度等指标衡量;文化功能由文化遗产(传统的文化、相关的历史遗留建筑等)和知识技术等决定;社会功能由人口福利、土地利用策略等衡量。Tobias Plieninger(2007)将乡村多功能分为可以供人类休闲和居住的功能;提供粮食和资源的农业生产功能;为工业生产、基础设施、采矿和废物处置提供场地的功能;作为动植物栖息地的生态功能。林若琪等(2012)认为景观功能与农村地域功能是相辅相成、与时俱进的。其认为景观功能包含了生态环境功能、经济功能和社会文化功能。其中,生态环境功能包含的功能类型有饮用水(区域饮用水的提取)、动植物的栖息地(指标物种、生物栖息处);经济功能包含的功能类型有耕地生产(生产领域用途)和集约化的畜禽养殖;社会文化功能包含了观光旅游、生活居住等。乡村多功能的分类为重新审视乡村地域自主发展带来了机会,而乡村景观多功能可能是塑造乡村地域多功能的潜在动力。李平星等(2014)用空间集中度衡量县域尺度乡村地域功能在地理空间分布上的集中程度,以江苏的县、县级市和市辖区为对象,评价江苏的乡村地域功能,包括生态保育功能、农业生产功能、工业发展功能及社会保障功能。罗雅丽等(2016)在县域范围内,将乡镇地域的生产、生活、生态三大基本功能进一步细化为农业生产功能、非农业生产功能、社会保障功能、文化传承功能和生态保护功能,通过选取表征各功能大小的“态”指标和反映功能发展趋势的“势”指标,构建乡镇地域多功能性评价指标体系和单项功能位评价模型、多功能综合评价模型和主导功能判定的四象限分析模型。洪惠坤等（2017）以重庆市县域单元为研究样本构建乡村空间多功能评价指标体系，将乡村空间多功能划分为农业生产功能、经济发展功能、生态保育功能、生态稳定性功能和社会保障居住家园功能。

3.1.2　乡村空间更新

乡村更新，又称乡村转型或乡村重构，是乡村社会经济发展到一定阶段的必然产物。如何在全球城市化和经济一体化中持续推进乡村更新，从而达到乡村振兴，已成为世界性的课题（Woods，2005；Ali，2007；Garcia & Ayuga，2007；Long et al.，2011；Li et al.，2015）。无论是经济发达国家，还是较发达的发展中国家都经历了乡村更新的过程。英美等先行工业化国家是在基本实现工业化、城市化的阶段，为了解决城市发展中诸如市域人口高度集中的问题而推进乡村建设的。如20世纪60年代美国的"示范城镇建设"、英国的"农村中心村建设"、法国的"农村振兴计划"等。以日、韩为代表的工业化后发国家，在其工业化、城市化进程中出现乡村资源迅速流入非农产业和城市，导致农业和农村出现衰退，城乡发展差距日益扩大，同时在国家具备了扶持农村发展的经济实力的情况下，适时推进了乡村更新转型。如20世纪70年代韩国的"新农村运动"、日本的"村镇综合建设工程"等（Garcia & Ayuga，2007）。

学界普遍认为乡村更新是实现乡村振兴的必由之路（蔡运龙，2001；刘彦随，2007；Long et al.，2011；Li et al.，2015）。蔡运龙（2001）认为乡村转型发展主要体现为农民生活水平、农业土地的经营方式、乡村经营发展模式和工农关系等方面的转变。刘彦随（2007）认为乡村转型发展是实现农村传统产业结构、就业方式与消费结构的转变。而陈晓华和张小林（2008）则认为乡村转型发展集中表现在经济形态、空间格局与社会形态方面的转变，以及在此基础上实现的乡村空间重构。陈晓华和张小林二人提出的这一概念丰富了Woods（2005）对于乡村重构的定义，Woods此前将乡村重构定义为在城乡因素的交互影响下，农村地区社会经济结构的重新塑造，他并没有强调空间重构的概念。在这些研究的基础上，龙花楼（2013）认为乡村重构应包含农村地区社会经济形态和地域空间格局的双重重构，并且只有通过空间上的重构，才能实现农业产业结构、工农关系、城乡差别等方面的改变。

欧盟的乡村发展政策始于20世纪70年代初欧盟施行的共同农业政策（CAP, Common Agricultural Policy）。该项政策是欧盟实施的第一项共同政策。从1972年4月至今，欧盟对共同农业政策进行了五次改革。其中第四次改革从1997年7月开始，在可持续发展的前提下，确立了改善农村地区的经济、社会和环境状况的农村发展政策为共同农业政策的第二支柱。在开始执行2000—2006财政年度预算时，农村发展政策正式成为欧盟共同农业政策的两大支柱之一，由主要用于地区政策的结构基金和用于共同农业政策的基金共同支持。目前，所有的欧盟国家都出台了具体的《新农村发展计划（2007—2013）》。该发展计划涉及粮食生产、环境保护、维持农村地区良好居住环境和适宜的生活条件等方面内容，提倡在继续提高农业、林业竞争力的同时，不断加强土地利用与环境保护之间的相互协调关系，并进一步强调了促进经济活动的多样化，提出了农业与林业活动中的创新与重构问题、促进环境保护以及在农村地区创造更多的就业机会等问题。

韩国的新农村运动包括三大内容（Garcia & Ayuga, 2007）：改善居住环境、提高农民收入、树立农村的新风尚。即改善农村道路、住宅、自来水等基础设施，建设电力、煤气、电话、医疗卫生等福利设施，建设水利设施以及各种农业基础设施，大力调整农业生产结构，发展专业化经营，普及农业机械化，建立村办企业，培养协作精神，打破烦琐的仪式和礼节，改善衣、食、住条件等。依据新农村运动开展的程度以及村庄原有的基础条件，1973年，韩国把全国农村村庄分为基础村庄、自助村庄和自立村庄三类，并确定了不同的建设方向；1981年，又增加了自营村庄和福利村庄。考虑到不同地区的自然条件和农业生产的特点，韩国政府又把全国的农村划分为山村、中间山村、平原村庄、渔村以及城市近郊村庄，按其类型选择不同的工作重点。新农村运动经过十几年的发展，使得韩国农村居住环境得到较大改善，农业生产性基础设施建设得到加强，农业生产结构得到优化，农业机械化得到长足发展，农户持续增收，农村和农民个人的社会意识结构都从传统型、封闭型向现代型、开放型转变。

3.2　研究区概况与评价方法 ▶▶

3.2.1　青浦区概况

青浦区地处上海市西南部,太湖下游,黄浦江上游。东与虹桥综合交通枢纽毗邻,西连江苏省吴江、昆山两市,南与松江区、金山区及浙江省嘉善县接壤,北与嘉定区相接,东西两翼宽阔,中心区域狭长,形如展翅飞翔的蝴蝶。青浦区地势平坦,平均海拔高度在2.8～3.5米之间,陆路交通十分便捷,有6条高速公路在境内通过,嘉闵高架和崧泽高架直通虹桥综合交通枢纽。境内江河纵横交错,湖泊星罗棋布,内河航运具有得天独厚的优势,可通行50～300吨货船,是苏浙沪的重要水上通道(见图3-1)。

青浦区全区总面积为668.54平方千米。截至2016年末,全区共有8个镇、3个街道,分别是赵巷镇、徐泾镇、华新镇、重固镇、白鹤镇、朱家角镇、练

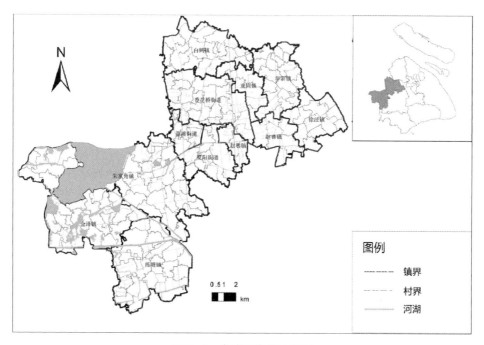

图3-1　青浦区位置示意图

注:原始数据来源于上海市青浦区基础地理要素数据,本图使用ArcGIS软件绘制。

塘镇、金泽镇以及夏阳街道、盈浦街道、香花桥街道；下辖184个行政村和97个居民委员会。全区常住人口121.5万人，户籍人口47.8万人，非农人口35.0万人。2016年全年实现地区生产总值939.7亿元，比上年增长了7.0%。2016年，青浦区城乡居民人均可支配收入为39 614元，比上年增长了9.5%。其中，城镇常住居民人均可支配收入为44 309元，比上年增长了8.8%；郊野乡村常住居民人均可支配收入为26 187元，比上年增长了10.2%[①]。

3.2.2　青浦区土地利用格局

1. 农用地

青浦区农用地面积共计为383.26平方千米，约占整个青浦区用地面积的57%。从空间分布上看（见图3-2），青西农业用地面积高于青东农业用地面积。其中练塘镇、金泽镇农用地面积最大，分别为73.59平方千米、72.04平方千米。农用地面积占乡镇用地面积的比例超过60%的乡镇为：白鹤镇、金泽镇、练塘镇和重固镇；农用地面积占乡镇用地面积比例不足50%的乡镇/街道为：华新镇、香花桥街道、徐泾镇、盈浦街道和朱家角镇。各乡镇农用地面积概况如表3-1所示。

表3-1　青浦区各乡镇/街道农用地面积

乡镇/街道	总面积/公顷	农用地/公顷	农用地占比/%
白鹤镇	5 857.04	4 053.22	69.20
华新镇	4 758.27	2 265.01	47.60
金泽镇	10 849.52	7 204.37	66.40
练塘镇	9 385.35	7 358.84	78.41
夏阳街道	3 535.04	2 002.74	56.65
香花桥街道	6 806.35	3 373.48	49.56
徐泾镇	3 851.93	1 192.12	30.95
盈浦街道	1 651.44	752.12	45.54

---

① 上海市青浦区政府.2016年上海市青浦区国民经济和社会发展统计公报［R］.2017.

（续表）

乡镇/街道	总面积/公顷	农用地/公顷	农用地占比/%
赵巷镇	4 046.81	2 192.68	54.18
重固镇	2 399.26	1 772.38	73.87
朱家角镇	13 678.36	6 160.04	45.03
总 计	66 819.37	38 327.00	57.36

资料来源：青浦区土地利用"二调"变更数据。

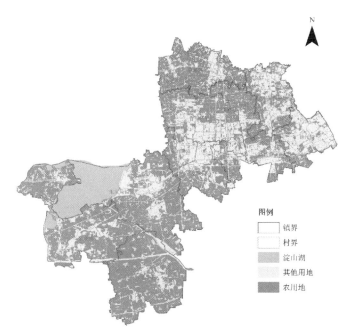

图3-2 青浦区农用地空间分布图
资料来源：青浦区土地利用"二调"变更数据。

2. 建设用地

青浦区建设用地面积共计为190.31平方千米，约占整个青浦区用地面积的28%。从空间分布上看（见图3-3），青东建设用地面积远高于青西建设用地面积。香花桥街道、夏阳街道、盈浦街道建设用地占比分别为45.17%、38.51%和46.47%，相比其他乡镇/街道，其占比较高。徐泾镇建设用地面积为24.91平方千米，其占比最高，已经超过60%。各乡镇建设用地面积概况如表3-2所示。

表3-2　青浦区各乡镇/街道建设用地面积

乡镇/街道	总面积/公顷	建设用地/公顷	建设用地占比/%
白鹤镇	5 857.04	1 595.74	27.24
华新镇	4 758.27	2 294.70	48.23
金泽镇	10 849.52	1 482.11	13.66
练塘镇	9 385.35	1 344.70	14.33
夏阳街道	3 535.04	1 361.50	38.51
香花桥街道	6 806.35	3 074.20	45.17
徐泾镇	3 851.93	2 491.06	64.67
盈浦街道	1 651.44	767.47	46.47
赵巷镇	4 046.81	1 572.58	38.86
重固镇	2 399.26	580.38	24.19
朱家角镇	13 678.36	2 466.28	18.03
总　计	66 819.37	19 030.71	28.48

资料来源：青浦区土地利用"二调"变更数据。

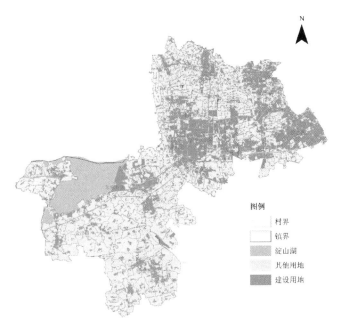

图3-3　青浦区建设用地空间分布图

资料来源：青浦区土地利用"二调"变更数据。

3. 宅基地

青浦区宅基地面积总计为4 029公顷,占青浦区建设用地面积的21.17%。其中农村宅基地约为3 999公顷,空闲宅基地约为30公顷。从空间分布看(见图3-4),练塘镇和金泽镇宅基地分布较为集中,华新镇和赵巷镇部分宅基地较为集中,其余乡镇/街道宅基地分布较为零散且均衡。从数量上看,香花桥街道、夏阳街道、徐泾镇、盈浦街道宅基地面积占比均低于12%,金泽镇、练塘镇和重固镇三个乡镇宅基地占比高于35%。各乡镇宅基地面积概况如表3-3所示。

图3-4　青浦区农村治安基地空间分布图

资料来源:青浦区土地利用"二调"变更数据。

表3-3　青浦区各乡镇/街道宅基地面积

乡镇/街道	建设用地/公顷	农村宅基地/公顷	空闲宅基地/公顷	宅基地占建设用地的比例/%
白鹤镇	1 595.74	522.58	1.10	32.82
华新镇	2 294.70	505.81	0.08	22.05
金泽镇	1 482.11	603.98	0.42	40.78

（续表）

乡镇/街道	建设用地/公顷	农村宅基地/公顷	空闲宅基地/公顷	宅基地占建设用地的比例/%
练塘镇	1 344.70	533.12	0.51	39.68
夏阳街道	1 361.50	134.71	0.19	9.91
香花桥街道	3 074.20	344.17	2.58	11.28
徐泾镇	2 491.06	208.37	3.78	8.52
盈浦街道	767.47	84.86	0.00	11.06
赵巷镇	1 572.58	315.61	0.11	20.08
重固镇	580.38	208.71	0.00	35.96
朱家角镇	2 466.28	536.89	21.53	22.64
总　计	19 030.71	3 998.82	30.30	21.17

资料来源：青浦区土地利用"二调"变更数据。

4. 公共设施用地

青浦区公共服务设施用地面积总计为22.25平方千米,约占青浦区建设用地面积的12%。从空间分布看(见图3-5),公共服务设施分布不均衡。公共服务设施集中分布在夏阳街道、香花桥街道、徐泾镇和朱家角镇,青西公共服务设施明显低于青东公共服务设施。从面积上看,朱家角镇公共服务设施面积最大,为5.86平方千米,占比最高,是青浦区唯一一个公共服务设施占建设用地面积超过20%的乡镇,这是因为朱家角镇有大块的景观休闲用地。白鹤镇、华新镇、练塘镇、香花桥街道和重固镇公共服务设施用地占建设用地面积的比例较低,不足10%。各乡镇公共服务设施用地面积概况如表3-4所示。

表3-4　青浦区各乡镇/街道公共服务设施用地面积

乡镇/街道	建设用地/公顷	公共服务设施用地/公顷	公共服务设施用地占建设用地比/%
白鹤镇	1 595.74	113.42	7.11
华新镇	2 294.70	185.28	8.07

（续表）

乡镇/街道	建设用地/公顷	公共服务设施用地/公顷	公共服务设施用地占建设用地比/%
金泽镇	1 482.11	152.85	10.31
练塘镇	1 344.70	132.28	9.84
夏阳街道	1 361.50	244.47	17.96
香花桥街道	3 074.20	238.57	7.76
徐泾镇	2 491.06	289.72	11.63
盈浦街道	767.47	86.54	11.28
赵巷镇	1 572.58	165.27	10.51
重固镇	580.38	29.80	5.13
朱家角镇	2 466.28	586.47	23.78
总　计	19 030.71	2 224.66	11.69

资料来源：青浦区土地利用"二调"变更数据。

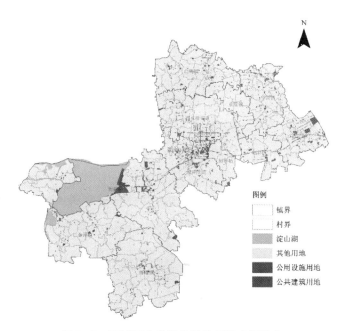

图3-5　青浦区公共服务设施用地空间分布

资料来源：青浦区土地利用"二调"变更数据。

从图3-6可以看出,青浦区公共服务设施中各乡镇普遍是50平方米以上的超市较多,金泽镇、赵巷镇略胜一筹;图书馆、医疗机构分布较为均衡,幼儿园和公园在各街镇分布不均衡。

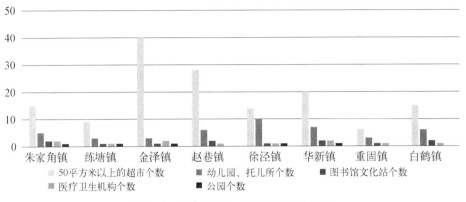

图3-6   青浦区公共服务设施数量分布
资料来源:青浦区统计年鉴2016。

3.2.3   数据来源与处理

(1) 土地利用类型及规模来源于青浦区第二次土地调查变更数据(2015),包括65个三级地类,空间数据格式为矢量。土地利用多样性指数采用合并后的地类计算;青浦区各乡镇、村庄的行政范围来源于2015年青浦区基础地理要素数据。

(2) 人口、产业、收入、公共服务等数据来源于:第一,上海市郊区统计年鉴(2010—2016);第二,青浦区统计年鉴(2013—2016);第三,由上海交通大学承担的青浦区乡村发展现状调查所获得的镇、村数据资料。几方数据相互校正和补充,确定相对可靠的镇级和村级尺度的统计数据。

(3) 土地利用多样性指数:将青浦区乡村区域具有生态功能的自然和半自然景观纳入指数计算范围,按照耕地、园地、林地、农村道路、农田水利设施(灌溉沟渠)、养殖水面、河湖、农业休闲景观8种土地利用类型划分并进行空间面积计算。

(4) 村庄尺度的教育设施空间可达性、医疗设施空间可达性数据来源于本书第5章公共设施空间可达性评价结果。

（5）保护村及郊野公园：按照列入中国历史文化名村和传统村落名录的村庄，以及具有明显风貌特征或历史文化价值的自然村计算。青浦区是上海最具代表性的江南水乡风貌区，是"崧泽文化"的发源地，其境内"崧泽古文化遗址"和"福泉山遗址"代表上海文化的起源。2015年，青浦区规划和土地管理局发布《上海市青浦区农村风貌要素梳理与保护村选点规划》，将一批具有江南水乡肌理和自然风貌的村庄列入了乡村风貌保护村。同年，青浦区新农村建设领导小组办公室编制了《上海市青浦区美丽乡村建设技术指引（试行）》，稳步推进美丽乡村建设，这些村庄都具有较高的历史文化价值和自然风貌价值。2012年，上海郊野公园规划中提出了全市建立21个郊野公园的规划目标，目前已实施建设的有7个，也列入评估范围。

3.2.4　评价方法

1. 评价指标

国内外学者关于乡村多功能内涵的理解略有差异。国外学者强调乡村功能中的生态、居住和文化等方面。而国内学者对乡村功能的分类则比较单一，多侧重于乡村的经济功能和生产功能，对乡村的生态功能、社会功能、观光休闲功能的研究较少。之所以会出现这些差异，是因为中国特殊的人口资源条件和城乡发展特征。中国作为世界上最大的发展中国家，人口基数大，并且正处于城市化进程中，面临着耕地持续减少、能源日益紧张等问题。所以，现阶段我国大部分乡村的功能仍以发挥农业生产和经济发展为主。然而，对于都市郊野而言，它与一般乡村之间存在显著的发展阶段和发展特征差异。都市郊野乡村多功能评价应该从传统的生产功能、经济功能向多样的生态、景观和文化等功能转变。

由于区位的特殊性及其与都市的有机联系，与一般乡村地区相比，大都市郊野具有能提供满足城市居民所需要的各种商品或服务的显著功能或显著潜力功能（Heimlich and Barnard，1997；Zasada，2011），并且与都市形成互相依存的关系（Roberto Henke，2017）。这些功能包括提供农产品和食品，提供城市社区居民所需要的社会、休闲、旅游等公共服务以及自然资源管理、水控制、景观管理等公共物品（Wilson，2008）。Gómez Sal等（2003）

和Gómez Sal & González García（2007）提出了包含生态、生产、经济、社会、文化5个指标的多功能农业乡村评估指标体系，这一评估指标体系被John Holmes（2006）用于系统建立基于多功能的乡村转型理论。

　　总之，以大都市郊野功能内涵不断从生产和生活向生态、文化、服务、休闲等功能拓展的趋势为依据，结合国内外学者提出的乡村多功能分类与青浦区土地利用特征，兼顾评价指标相对稳定性、评价方法可行性和可操作性，具体咨询了从事土地利用、城乡规划、乡村发展、自然地理、政府管理领域的11位专家，经过三轮征询、筛选，最终确定大都市郊野多功能评价指标体系（见表3-5）。该指标体系包括两个功能层次。其中，一级功能分为生态功能、生产功能和生活功能；二级功能分为生态环境功能、休闲文化功能、农业生产功能、经济发展功能以及生活保障功能。二级功能下采用不同的指数来反映各项功能的大小，进一步对应镇尺度和村尺度分别选择不同的评价指标来反映各项指数。

表3-5　大都市郊野多功能评价指标体系（"镇—村"尺度）

一级功能	二级功能	指　数	镇尺度指标	村尺度指标	指标方向
生态	生态环境	生态安全	土地利用多样性	土地利用多样性	+
		生态服务	生态服务价值	生态服务价值	+
	休闲文化	区位	距中心城距离	生态区位度	−
		旅游发展	保护村及郊野公园数量	保护村及郊野公园数量	+
生产	农业生产	单位产值	单位面积农业产值	单位面积农业产值	+
		资源禀赋	区域内基本农田面积	区域内基本农田面积	+
	经济发展	产业发展	单位面积二产产值	单位面积二产产值	+
			单位面积二产就业人数	单位面积二产就业人数	+
			单位面积三产产值	单位面积三产产值	+
			单位面积三产就业人数	单位面积三产就业人数	+
		收入水平	人均GDP	村居民平均年收入	+
			镇财政收入	村经济资产收益	+

一级功能	二级功能	指　数	镇尺度指标	村尺度指标	指标方向
生活	生活保障	基础设施	路网密度	路网密度	+
		公共服务	义务教育师生比	教育空间可达度指数	+
			医生数量/万人	医疗空间可达度指数	+

2. 指标标准化

大都市郊野多功能性评价指标包括土地利用多样性、单位面积产业与就业、收入、路网密度等不同类型和单位的指标。为消除量纲的影响，采用极值法对各个评价指标进行归一化处理。根据待评价的镇各项指标的最大值与最小值确定极值。由于不同镇之间的各项指标差异较大，为缩小区域间的差异，将各项指标对数变换后，再进行归一化计算。

$$x'_{ij} = \frac{\ln x_{ij} - \ln \min_j}{\ln \max_j - \ln \min_j} \qquad （正向指标）$$

$$x'_{ij} = \frac{\ln \max_j - \ln x_{ij}}{\ln \max_j - \ln \min_j} \qquad （负向指标）$$

式中，x'_{ij} 为 i 镇第 j 项指标的归一化值；x'_{ij} 为 i 镇第 j 项指标的实际值；$\max_j$ 和 $\min_j$ 分别为第 j 项指标的最大值和最小值。

3. 权重

根据不同的统计数据，学者在乡村功能的指标类型选择上也存在着一定的差异。不仅统计口径影响指标的选择，而且乡村功能的评价尺度也会影响指标选择。比如，县域尺度和市辖区尺度对指标类型的选择有着不同的影响。现有功能区划或难以完全覆盖人地复合系统的各个维度，或难以完全覆盖地域单元的多项功能，无法满足地区发展需要。大部分学者对于功能划分都是用熵权法给各个单位功能赋予权重，再简单地加权求和得到该地区的多功能指标价值。地域的多种功能之间相互制约或促进，地域整体功能是各种单项功能的综合表现，但它并不是各个要素功能的简单叠加。

因此,乡村多功能评价中将单项功能叠加反映总体功能的可行性有待商榷。

权重选择主要遵循以下两个方面的原则:一是单个功能权重之和为1;二是由于乡村多功能与地域功能之间互相影响,影响的机制有拮抗作用、协同作用和兼容性三种形式(刘玉、刘彦随,2012)。因此,乡村多功能之间不宜通过各要素功能加权得到总功能,指标体系中各二级功能不设权重,二级功能以下的各评价指标权重平均分配。

3.3 青浦区郊野多功能的空间特征 ▷▷

3.3.1 镇域尺度乡村多功能空间特征

截至2016年末,青浦区共有8个镇、3个街道,分别是赵巷镇、徐泾镇、华新镇、重固镇、白鹤镇、朱家角镇、练塘镇、金泽镇以及夏阳街道、盈浦街道、香花桥街道。按照上海市青浦区"一城两翼"的总体战略规划,地域上可划分为:"一城"——青浦新城(包括香花桥街道、夏阳街道和盈浦街道),"东翼"——青东地区(徐泾镇、赵巷镇、华新镇、重固镇、白鹤镇)以及"西翼"——青西地区(朱家角镇、练塘镇、金泽镇)。《上海郊野单元规划编制导则》确定将"两翼"所涉及的8个镇划分为青浦区的郊野区域。因此,本书延续这种划分,也将这8个镇作为镇域尺度乡村多功能分析的研究对象。依据前文所建立的大都市郊野多功能评价方法,基于ArcGIS计算出这8个镇的各项功能指数。

1. 生态环境功能空间特征

青浦区8个郊野镇的生态环境功能值介于0.708 6～0.958 9之间,均值为0.824 3。由图3-7可以看出,8个郊野镇的生态环境功能值划分为高、中、低三级,总体来看,青西的生态环境功能高于青东。生态功能高级区域包括朱家角镇、金泽镇和练塘镇,其功能值大于0.90。该区域位于环淀山湖周边,是上海市水源地保护区,具有重要的生态环境价值。生态功能低级区域包括徐泾镇、华新镇、重固镇、白鹤镇等毗邻上海市中心城区和青浦新城之间的区域,生态环境功能值均小于0.80。

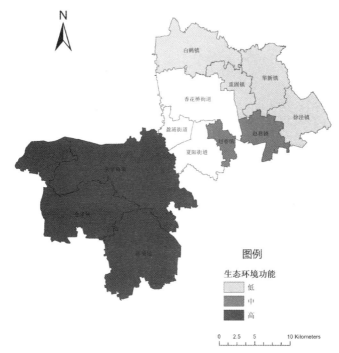

图3-7　青浦镇域生态环境功能空间特征

注：本图资料来源如本章3.2.3所述，使用ArcGIS软件绘制而成。

2. 休闲文化功能空间特征

青浦区8个郊野镇的休闲文化功能值介于0.143 4～0.504 3之间，均值为0.249 2，是5个功能指数中均值最低的一个。从图3-8可以看出，朱家角镇、金泽镇和赵巷镇的休闲文化功能相对较突出，划入休闲文化功能高级区域。如何在这些乡村将挖掘文化价值、保护历史风貌与发展休闲农业相结合，是未来乡村产业规划应该重点考虑的问题。休闲文化功能相对较低的区域包括重固镇和练塘镇，而中等区域包括白鹤镇、华新镇和徐泾镇。总体来看，青西休闲文化功能略优于青东，这一结论与实践调研得到的直观认知一致。

3. 农业生产功能空间特征

青浦区8个郊野镇的农业生产功能值介于0.482 7～0.772 1之间，均值为0.621 0。如图3-9所示，8个郊野镇的农业生产功能划分为高、中、低三个级别。其中农业生产功能高值区分布在白鹤镇，而低值区则分布在赵巷镇和徐泾镇；其他的5个镇，包括青东的2个镇和青西的3个镇，它们的农业

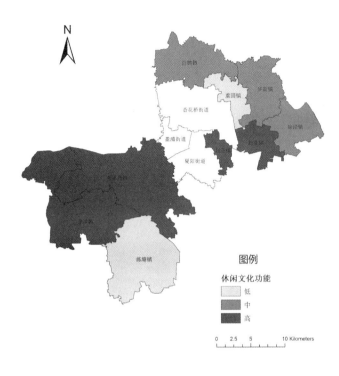

图3-8　青浦镇域休闲文
化功能空间特征

注：本图资料来源如本章
3.2.3所述，使用ArcGIS软件
绘制而成。

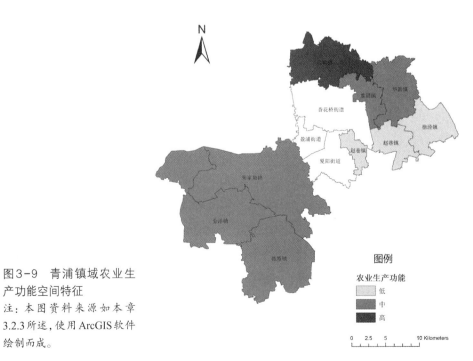

图3-9　青浦镇域农业生
产功能空间特征

注：本图资料来源如本章
3.2.3所述，使用ArcGIS软件
绘制而成。

生产功能值比较接近。

4. 经济发展功能空间特征

青浦区8个郊野镇的经济发展功能值介于0.545 5～0.820 6之间,均值为
0.670 8。不同镇的经济发展功能空间特征如图3-10所示,华新镇和徐泾镇
的经济发展功能值最高,其次是白鹤镇、重固镇、朱家角镇和金泽镇,最低的
是练塘镇和赵巷镇。总体来看,经济发展功能呈现出随着与青浦新城距离的
增加而衰减的趋势,青东地区经济发展功能高于青西地区。另外,经济发展
功能与农业生产功能在空间分布上呈现出一定的错位互补关系,这主要是由
区位条件不同而形成的乡镇企业发展程度与农业资源禀赋条件的差异而造
成的。

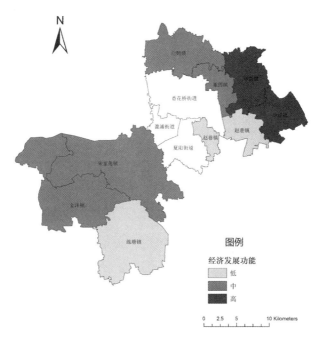

图3-10　青浦镇域经济发展功能空间特征
注:本图资料来源如本章3.2.3所述,使用ArcGIS软件绘制而成。

5. 生活保障功能空间特征

青浦区8个郊野镇的生活保障功能值介于0.385 0～0.680 3之间,均值
为0.496 3,仅略高于休闲文化功能均值。从图3-11所示的8个镇生活保障

功能空间分布特征来看,朱家角镇的生活保障水平明显高于其他镇。值得注意的是,位于青西的练塘镇的生活保障功能值较低,这与调研的直观认知相符;但是位于青东的华新镇和徐泾镇的生活保障功能属于青浦区郊野的最低水平,与原来的调研主观认知不一致。华新镇和徐泾镇的经济发展功能值最高,但是它们的生活保障功能却最低,原因可能是在大都市郊野的快速城市化过程中,以经济增长为导向的政策影响下,外来人口持续增长而相应的基本公共服务设施保障能力却没有随之提高,从而导致具有区位优势和经济发展水平优势的这两个镇,其生活保障功能反倒落后于青西地区。

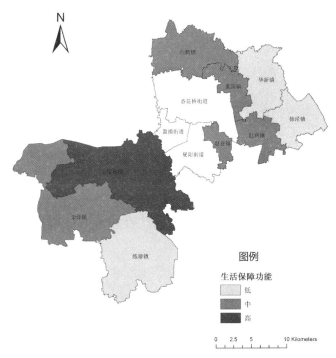

图3-11　青浦镇域生活保障功能空间特征
注:本图资料来源如本章3.2.3所述,使用ArcGIS软件绘制而成。

3.3.2　村域尺度多功能空间特征:以练塘镇为例

1.练塘镇概况

练塘镇位于青浦区西南部,于2001年由原练塘、小蒸、蒸淀三镇撤并建成,与松江区、金山区以及浙江省嘉善县毗邻。全镇区域面积为93.66平方千米,其中耕地面积为3 284公顷,水域面积为1 572公顷,常住人口达6.9万人,下辖练东等25个行政村和4个居委会。练塘是盛产稻米和茭白的江南水乡,先后被评为"中国历史文化名镇""全国环境优美乡镇""国家生态镇"和"上海市文明镇""上海市卫生镇"。依据前文建立的乡村多功能评价方法,基于ArcGIS计算出练塘镇25个行政村的5个功能指数,分析其空间分布特征。

2. 生态环境功能空间特征

练塘镇下辖的25个行政村的生态环境功能值介于0.281 7~0.835 8之间,均值为0.558 1。按照生态环境功能值大小将25个行政村分为高、中、低三个不同级别。其中,高值区域主要分布在练塘镇北部的太北村等9个村庄、镇南部的东军村等3个村庄以及镇西南部的蒸浦村和浦南村。这些村的生态环境功能值都大于均值,具体分布如图3-12所示。

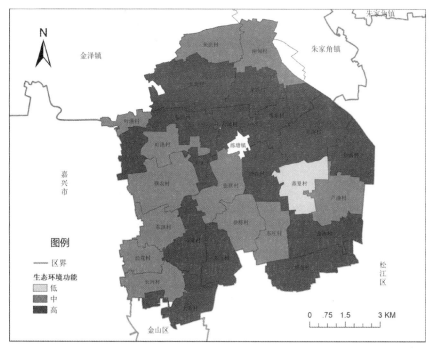

图3-12　练塘镇生态环境功能空间特征
注:本图资料来源如本章3.2.3所述,使用ArcGIS软件绘制而成。

3. 休闲文化功能空间特征

练塘镇下辖的25个行政村的休闲文化功能空间分布特征如图3-13所示，呈现出比较明显的自北向南逐级递减的空间分布特征。全部村庄的休闲文化功能值范围为0.010 8～0.528 9，均值仅为0.226 3，是五个指数当中均值最低的一个。按照休闲文化功能值的大小将所有村庄分为高、中、低三个不同级别，高值区主要分布在与青浦旅游核心朱家角镇相连接的村庄带，共涉及朱庄村等6个村庄；由北向南休闲文化功能值逐渐降低，练塘镇南部的东淇村等11个村庄是全镇休闲文化功能的低值区域。休闲文化功能的空间分布呈现出受周边重要乡村旅游目的地（朱家角镇）辐射的特点。

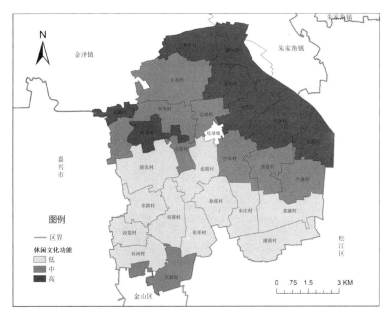

图3-13　练塘镇休闲文化功能空间特征

注：本图资料来源如本章3.2.3所述，使用ArcGIS软件绘制而成。

4. 农业生产功能空间特征

练塘镇下辖的25个行政村的农业生产功能值介于0.028 1～0.893 4之间，功能值变化幅度较大，均值为0.341 8，仅比该镇的休闲文化功能的均值略高，但是低于其他三个功能指数的均值。按照所有村农业生产功能值大小划分为高、中、低的三个级别，空间分布特征如图3-14所示。只有太北村

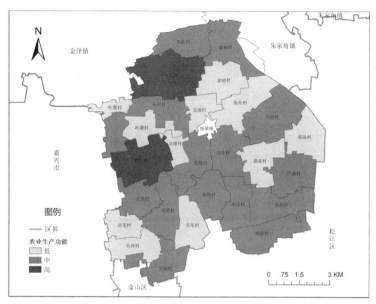

图 3-14　练塘镇农业生产功能空间特征

注：本图资料来源如本章 3.2.3 所述，使用 ArcGIS 软件绘制而成。

和联农村的农业生产功能值明显高于其他村庄，故划为高级区域；农业生产功能中级区域和低级区域呈现出以练塘镇为中心交错分布的空间特征，其中中级区域涉及张联村等 14 个村，低级区域涉及长河村等 10 个村。

5. 经济发展功能空间特征

练塘镇下辖的 25 个行政村的农业生产功能值介于 0.145 0～0.779 9 之间，均值为 0.504 4，居于其 5 个功能指数的中间位置。按照经济发展功能值将所有村庄分为高、中、低三个不同级别，空间分布如图 3-15 所示。高值区主要分布在与松江和金山连接的村庄区域，以及练塘镇西侧，涉及芦渔村和大新村等 10 个村庄；低值区主要分布在距离镇中心最远的一些村庄，涉及星浜村等 7 个村庄；其他区域分布着经济发展功能中值的村庄。总体来看，练塘镇 25 个行政村的经济发展功能并没有显著的空间聚集特征。

6. 生活保障功能空间特征

练塘镇下辖的 25 个行政村的生活保障功能值介于 0.189 7～0.970 9 之间，均值为 0.731 9，是五个功能指数中均值最高的一个。按照生活保障功能值将所有村庄分为高、中、低三个不同级别，空间分布如图 3-16 所示。总

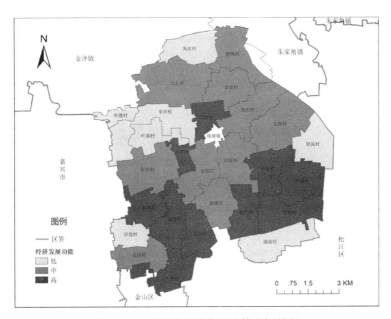

图3-15　练塘镇经济发展功能空间特征

注：本图资料来源如本章3.2.3所述，使用ArcGIS软件绘制而成。

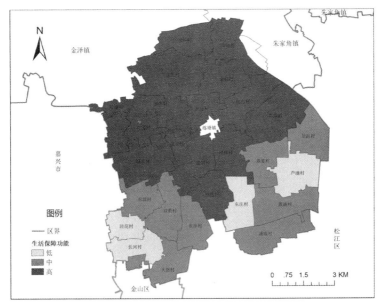

图3-16　练塘镇生活保障功能空间特征

注：本图资料来源如本章3.2.3所述，使用ArcGIS软件绘制而成。

体来看,练塘镇25个行政村的生活保障功能呈现显著的距离镇中心越远,该功能值持续减弱的空间分布特征。高值区围绕练塘镇中心分布,涉及东田村等15个村;随着与练塘镇中心距离的增加,生态保障功能值开始降低,中值区主要分布在大新村等8个村;低值区则主要分布在距离镇中心最远的一些村庄。生活保障功能的空间分布特征与经济发展功能具有一定的相似性。

3.4　"镇—村"发展类型划分与空间更新规划 ▶▶

"镇—村"规划是郊野地区转型发展的空间引导基础。鉴于上海提出的"1966"城镇规划体系中"镇—村"规划体系的失效,本章构建空间体系规划的核心并不在于规划方案本身,而在于制订规划方案的前期理论问题,即尝试回答应当以什么作为构建"镇—村"空间体系的基础,以及在这个理论基础上,用什么样的标准来给不同的"镇—村"确定一个合理的空间功能定位。因此,以乡村多功能发展理论和乡村空间更新理论作为理论基础的"镇—村"空间体系规划研究,强调两个不同维度的规划引导:镇级规划强调整体功能引导,村级规划强调细部格局调整。

镇域功能引导,以镇域多功能评价为基础,以更大尺度的空间功能定位为依据,判断镇域乡村功能发展类型,并据此提出未来的功能引导方向。镇域乡村空间更新偏重于理论性和功能性的更新方向判断。

村域格局调整,以乡村多功能评价为基础,按照相应的判断标准,提出村庄空间演进的方向或具体模式。村域乡村空间更新偏重于实践性和空间演变方向的判断。

3.4.1　镇域发展类型划分

依据8个郊野镇的各项功能评价结果,为每个镇绘制功能构型雷达图,据此可将所有镇划分为高均衡型、低均衡型和非均衡型三个类型。

1. 高均衡型

高均衡型以朱家角镇为代表,其5种乡村功能在大都市城市化进程中得以均衡发展,且各种功能已经达到高级或较高水平,是理想的大都市郊野乡村多功能发展模式(见图3-17)。

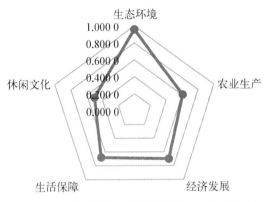

图3-17　高均衡型镇域发展类型——朱家角镇

2. 低均衡型

低均衡型镇包括金泽镇和赵巷镇。该类型的郊野镇虽然5种功能维持了均衡状态,但是5种功能发展水平都相对较低,未来具有均衡发展的潜力,如图3-18(a)和图3-18(b)所示。

3. 非均衡型

非均衡型根据不同功能的发展情况,又可以进一步分为三种类型,分别是:混合发展类、传统维持类和城市化类。

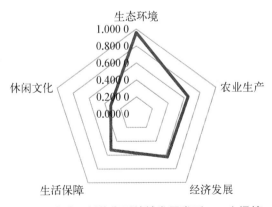

图3-18(a)　低均衡型镇域发展类型——金泽镇

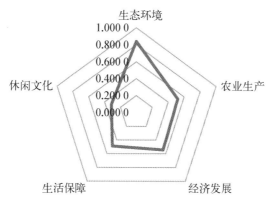

图3-18(b)　低均衡型镇域发展类型——赵巷镇

1) 混合发展类

白鹤镇属于此类型,其镇域范围内4种功能混合发展,且都达到较高的发展水平,与高均衡型非常相似,仅休闲文化功能偏低,如图3-19(a)所示。

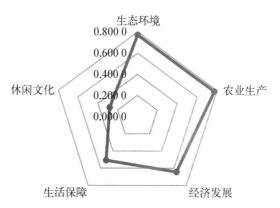

图3-19(a)　非均衡型混合发展类镇域发展类型——白鹤镇

2) 传统维持类(生态—农业—经济复合型)

传统维持类包括练塘镇和重固镇,其镇域范围内生态环境、农业生产和经济发展3种功能复合发展,且达到高级或较高水平,而生活保障和休闲文化功能相对滞后,如图3-19(b)和图3-19(c)所示。

3) 城市化类(经济主导型)

城市化类以徐泾镇和华新镇为代表,它们的经济发展功能成为镇域功

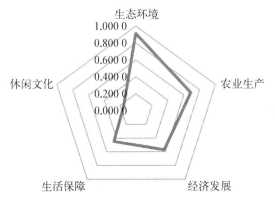

图3-19(b)   非均衡型传统维持类镇域发展类型——练塘镇

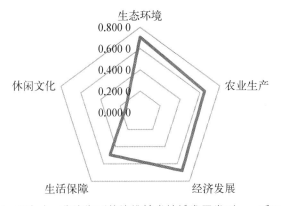

图3-19(c)   非均衡型传统维持类镇域发展类型——重固镇

能的主导类型,生态环境、农业生产和休闲文化等传统功能已失去发展机会,基本上已是城市化地区,如图3-19(d)和图3-19(e)所示。

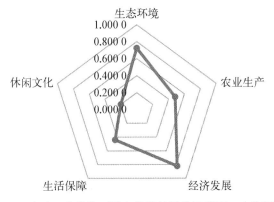

图3-19(d)   非均衡型城市化类镇域发展类型——徐泾镇

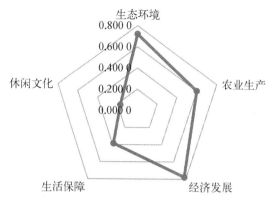

图 3-19(e)　非均衡型城市化类镇域发展类型——华新镇

3.4.2　村庄发展类型划分

青浦区在上一轮城乡规划当中曾经编制了详细的农村规划。以《青浦新农村规划(2007)》(以下简称《规划》)为例,明确了青浦区"1870"城镇体系,即 1 个新城,8 个新市镇,70 个左右的中心村。《规划》提出整体改造、整治改造、保护改造、环境改造 4 种村庄改造类型,规划层次包括全区中心村体系规划、镇域中心村体系规划和集中居民点规划,规划内容包括产业、用地、开发指标体系、公共设施、绿化环境、交通、市政、环保、分期和整治规划等。然而,《规划》所确定的 70 个中心村建设未能有效实施。截至 2015 年,青浦区仍有 146 个行政村,这一现状也与规划的 70 个中心村的目标相去甚远。其中一个重要的原因是对于大部分农居点的布局和何去何从缺少明确的分类指引,配套政策缺失导致规划难以落地。这也就决定了在青浦区新一轮的城乡规划中,乡村规划必须要有适合本地实际的科学、合理的空间分类指引和配套政策,才能真正解决乡村发展中遇到的各类问题。

依据《上海市"十三五"土地整治规划》,要求全市乡村更新从优划定风貌保护型(保护)乡村,谨慎划定精明收缩型(撤并)村,弹性划定长期引导型(保留/发展)村,制订菜单式、差异化农村居民点整治标准,按照"重点发展保留村,大力扶持保护村,有序推进撤并村整治"的原则,加强村庄发展差异化引导。依据练塘镇所有乡村在功能发展水平上呈现的个体差异,按照各乡村之间功能协调、错位发展的原则,将它们分成发展村[①]、保护村、撤并村和保留村4种乡村发展类型。

依据练塘镇25个村各项多功能指数的评价结果,建立发展村、保护村、撤并村和保留村的划分标准,具体如表3-6所示。

表3-6 青浦区村域乡村空间更新方向判断标准与引导政策

重构方向		划分标准	功能状态	引导政策			
				空间政策	人口政策	公共基础设施发展政策	其他政策
发展村	综合型	功能总指数一级	乡村功能协调	空间扩张	人口集聚	公共基础设施优先提升	所有产业政策优先
	城市型	经济发展指数一级	乡村经济发展功能优势显著				支持农村工业转型升级的政策优先
	传统型	农业生产指数一级	乡村农业生产功能优势显著				支持农业发展的政策优先
保护村		生态环境指数一级且休闲文化指数一级	乡村生态文化功能显著	空间限定	人口稳定	公共基础设施提升	历史文化保护和生态补偿的政策优先
保留村		符合下列之一:①生活保障功能指数三级;②功能总指数三级;③生态环境指数一级	乡村功能无明显特征	空间限定	人口自然减少	停止公共基础设施投入	无
撤并村		上述三种类型以外的村庄	乡村功能衰退显著	空间缩减	人口政策性迁出	现有公共基础设施拆除	综合性土地整治的政策优先

注:有些村庄遇到划分标准冲突的情况,按照生态环境功能>休闲文化功能>生活保障功能>农业生产功能>经济发展功能的先后次序进行确定。

---

① 发展村,又分为综合发展村、工业型发展村、农业型发展村。

3.4.3 空间更新规划

前文中区分了都市郊野应当具备的五种功能,分别是生态环境功能、休闲文化功能、农业生产功能、经济发展功能和生活保障功能。在此基础上,应当区分五种功能的不同性质和地位。生态环境功能和生活保障功能是底线性功能,具备两个特点:第一,这两个功能本质上属于较难通过外部交易解决的功能,由镇区内的资源直接提供。其中,生态环境功能的区域自源性特征最为显著,而生活保障功能中的一部分可以由区域外提供,但是基本的仍然需由区域内提供。第二,这两个功能的目标对象是区域中所有的居民而非特定类型的村庄,因此这两个功能具有普遍性,即区域中无论哪种功能定位的村庄,都应当尽可能优先获得生态环境资源和均等化的公共服务资源。农业生产和休闲文化功能是外向性功能,即这两个功能的面向对象其实并不是乡村本身的居民,它们分别是从国家宏观的粮食保护政策与城市居民需求视角出发的功能。而经济发展功能主要偏重于乡村工业产业发展,当地居民家庭的经济收入则体现出显著的外溢特征,即家庭收入的绝大多数并不是来源于乡村功能的实现,而是其他的非农收入。因此,农业生产、休闲文化和经济发展功能属于可权衡的功能。另外,这些功能之间存在相互影响和相互制约的关系。由于区域内资源的有限性,乡村工业产业发展功能实现将导致乡村农业生产资源的减少以及生态环境功能的损失,而生态环境功能则具有转化成为休闲文体功能的潜力,进一步则可以转变成为居民收入增长的经济发展功能。

依据镇域多功能评估结果,练塘镇的发展类型为非均衡的传统维持型,即具有显著的生态环境功能优势和相对的农业生产功能优势,但是生活保障、经济发展和休闲文体功能偏弱。镇域功能的提升,总体上以实现由非均衡型向均衡型发展为目标。在各项功能的引导上,应当强调全镇域内的生态环境功能的维护以及生活保障功能的提升;而农业生产功能、经济发展功能和休闲文化功能则可以通过引导不同类型的村庄发展而在不同区域分别实现,最终形成镇域范围内五项功能的整体优化和更新。全镇25个村依据功能优势和类型划分标准,规划形成4种不同类型的功能村庄。其中保护村4个,发展村7个,撤并村8个,保留村6个,具体空间体系更新布局如图3-20所示。

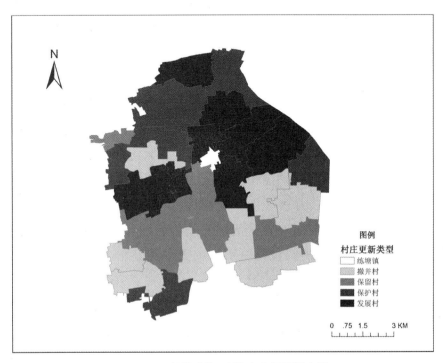

图3-20　练塘"镇—村"庄空间更新布局
注:本图资料来源如本章3.2.3所述,使用ArcGIS软件绘制而成。

（1）保护村:指列入美丽乡村建设规划和乡村风貌保护区的村庄以及候选村庄。此外,还有生态重要性高、景观多样性丰富的村庄。这类村庄通常具有较高的生态效益和历史文化价值。练塘镇列入保护村范围的包括泖甸村、星浜村、太北村和东田村。

（2）发展村:这类村庄的乡村功能协调发展程度较好、基础设施相对完善、人口集聚度较高,适于定位为镇域范围中心村,用于吸引撤并村分流的人口。这类村庄包括金前村、联农村、东泖村、朱庄村、北埭村、泾珠村和练东村。

（3）撤并村:指村庄规模小、土地分散、空心化程度高、人均可支配收入低、基础设施和公共服务落后,乡村整体功能出现衰落的村庄,以及位于生态敏感区和水源保护地等不适宜人类居住的村庄。撤并村实质上是村庄功能衰退显著的村庄,已经处于空心村的兴盛期或稳定期,应当采取强力的政策引导村庄空间更新。这类村庄包括泾花村、长河村、东庄村、蒸夏村、芦潼村、东库村、浦南村和叶港村。对于撤并型村庄,通过综合型土地整治将人口迁移至发展村或城镇化地区,把拆旧村的工业用地和宅基地腾退、复垦为生态用地或农用地,进一步发展规模化农业,实现乡村功能的重新发展。

(4)保留村:这类村庄在功能评估上未表现出显著的综合优势或单项优势,但是也没有显著的乡村功能衰退的特征。其生态环境尚可,但是村庄规模、人口集聚度、公共服务设施一般,乡村发展并没有明显的特点和趋势。保留村空间上主要分布在其他类型的村庄之间。保留村将来可能成长为发展村,也有可能出现显著的衰退特征。目前宜采取谨慎的观察态度对待保留村,即采取暂时保留、长期引导的政策。这类村庄包括徐练村、双菱村、东淇村、高家港村、蒸浦村和张联村。

需要说明的是,此处提出的练塘"镇—村"庄空间更新布局主要基于乡村功能评估结果而提出。如果能以此评估结果为基础,开展典型村的调查访谈并进行优化调整,从而提出理论与实践相校正的空间更新布局,将对该区域乡村振兴规划起到有力的支撑作用。

3.5 政策与讨论 ▶▷

3.5.1 乡村功能的分化与中国乡村政策及研究的尺度差异

在快速城市化过程中,由于不同乡村在地理区位、自然资源、发展机会、村集体经济发展以及村民的观念意愿、传统风俗等多方面存在差异,村庄功能无可避免地会产生分化。本研究证明,即使是在青浦这样一个行政面积只有668.52平方千米的大都市郊野区域,村庄功能的分化也已经非常显著。然而,由于中国区域差异非常突出,中央政府引导乡村发展和重构的政策是面向大多数乡村发展水平相对比上海落后的区域的战略性政策,对于上海这样一个城市化水平超过90%的大都市郊野乡村而言,政策的针对性是不足的。同时,由于基层资料难以收集,目前关于乡村发展的研究也多集中在县域的尺度,偶有涉及镇域尺度的研究,但是并没有推进到村的尺度。但是由于乡村问题的复杂性和特殊性,以县域为尺度进行研究,多会掩盖镇域内乡村的发展差异和分化特征,并不能真正做到因地制宜。因此,系统评估青浦区镇域尺度和村庄尺度的乡村功能变化并提出空间更新的方向和引导政策,无疑是将该领域的研究尺度向精细化方向推进了一步。从另外一个角度来看,虽然中国系统化和规模化的官方经济社会等数据只能到乡镇这一级别,使得本研究在获取资料和数据方面有很大的难度,同时也从另一个方面凸显了开展乡村发展镇或村尺度研究的创新可能性。只有针对镇或村尺度开展的研究,才有可能建立可以落地执行的政策,这也是本研究对相应政策发展的推动作用所在。

3.5.2 乡村更新与"低效工业用地减量化"的冲突

中国的乡镇企业是工业带动乡村发展的一种特殊现象。虽然自20世纪90年代以后,上海的乡镇企业发展逐渐进入了衰退的阶段,但是一直以来的发展支持政策造就了大量的乡镇企业用地。截至2013年末,上海市工业用地面积超过750平方千米,而乡村工业用地面积占总工业用地的三分之二以上,产值却不到三分之一,超过30 000个工业地块分布在乡村中,提高了乡村工业污染治理的难度和管理成本,带来了土地资源的严重浪费和污染问题。于是,2014年上海市人民政府印发《关于进一步提高本市土地节约集约利用水平若干意见的通知》(沪府发〔2014〕14号),提出对位于规划城镇发展边界之外的乡村实施严格的"低效工业用地减量化",即将约200平方千米的乡村工业用地通过土地整治腾退、复垦为生态用地或耕地。但是这项计划的执行却受到乡镇政府希望进一步保留和发展工业的挑战。如何解决上海市低效工业减量化与乡村更新发展需求之间的冲突,需要谨慎建立一个适用于乡村工业用地产出效益评估的方法,以此来判断乡村工业用地减量化的合理性,给乡村工业转型升级提供一个弹性的空间,更重要的是要建立一个合理的减量化带来的乡村发展损失的补偿机制，从而降低因为工业用地刚性减量带来的加速乡村衰退的风险。

3.5.3　乡村生活空间更新与安置模式

根据上海已有的实践，目前有4种较为成熟的安置模式：一是外冈模式。此模式隶属城乡统筹型（镇区安置）宅基地置换方式，在镇区内统一建设高层商品安置房。二是小昆山模式。此模式隶属小城镇建设型（整镇分批）宅基地置换方式，将在腾退出的土地上着力打造产业经济集中区、集镇建设示范区、人口转移集聚区、文化旅游发展区和农田设施规模区。三是新叶模式。此模式隶属乡村复兴型（村内安置）宅基地归并方式，规划农户原宅基地拆除后按户建设集中安置房（联排别墅），周围设施齐全。四是廊下模式。此模式隶属风貌保护型（跨村近镇安置）宅基地归并方式，搬迁农户采用"一补、二换、三不变"的形式安置，新居采用"白墙黛瓦观音兜"的建筑风格，重现江南民居风貌。

外冈模式和小昆山模式依据的是"城乡建设用地增减挂钩"政策，本质上是城市和乡村在土地、人口要素上统筹安排。但是以上模式也存在着一些问题，如乡村文化和生活传统的消失，没有居民的乡村是否还是一个完整的乡村？乡村发展权的损失的客观评估及合理补偿应当如何保证？这些都是需要妥善解决的问题。

新叶模式和廊下模式则属于集约节约的"中心村"安置模式，将中心村与撤并村的人口、土地要素进行统一管理。这种模式对保护乡村的文化、生活传统以及人与村庄共生共存的关系都有积极作用，但是以上模式也面临着城市化进一步发展后，乡村吸引力不足而呈现的留居人口老龄化问题。就青浦区而言，青东地区更接近中心城区，城镇化的速度较快，应该顺应城镇化的进程，迁出模式宜选择"镇区安置"的模式，将村民逐渐转化为市民或镇民；青西地区多呈现江南水乡的自然肌理和圩田景观的特色风貌，应积极倡导和保护传统耕作和农耕文化，撤并村人口迁出宜选择"中心村安置"的模式。

然而，无论选择何种安置模式，都要以扎实的调研为基础，充分尊重农民的居住意愿,切实保护农民的切身利益,尽量满足农民的合理要求。只有妥善解决了迁出人口的安置问题,才能在城乡一体化建设过程中真正实现"以人为本"的原则。

第4章
大都市郊野建设用地空间治理

受城市化和工业化的双重影响，位于大都市周边的郊野地区土地利用格局呈现显著的农用地、工业用地、农村住宅用地、生态用地交错混乱布局的特征。大量的低效建设用地的出现，不仅浪费了珍贵的土地资源，还带来了多种生态环境风险。然而，机从危中现，这些低效建设用地同时也是优化区域用地格局中倒逼区域产业转型以及激活乡村价值的"钥匙"。如何用好这把钥匙，是大都市郊野建设用地空间治理的关键所在。

本章立足于上海市土地利用"总量锁定、增量递减、存量优化、流量增效、质量提高"的"五量调控（5Q）"宏观政策框架，构建面向"效率、经济、生态、均衡、公平（5E）"价值的大都市郊野建设用地"5Q5E"评估方法。以青浦区为例，基于"5Q5E"评估结果，提出建设用地空间治理的政策方向，进一步以存量用地空间治理作为建设用地空间治理的突破口，分析了低效建设用地减量化的政策实施进展、面临的风险与优化建议。

4.1　理论框架：从"五量调控"到"5Q5E"评估方法 ▷▷

4.1.1　"五量调控"政策简介

截至2015年底，上海建设用地面积为300 117.01公顷，占陆域面积的45%，远高于其他国际城市；人均绿地仅为巴黎、伦敦的1/3；工业用地占建设用地的32%，是纽约、伦敦等城市的3～10倍。上海郊野建设用地利用效率低下，中心城（浦西八区）地均GDP是郊区的8倍；城市开发边界外的工业用地占总量的25%，工业产值则不足全市的10%；农村宅基地面积达30 977公顷，由于规划限制和人口流失，宅基地老旧、分布零星且欠缺配套公共设施[1]。城乡的巨大差距和郊区的生态问题、土地浪费成为上海建设全球城市的障碍。上海土地资源利用面临着总量逼近天花板、增量空间有限、

---

① 上海交通大学新农村发展研究院.上海大都市土地节约集约利用研究［R］.2016.

部分存量低效、流量不畅、质量有待提升等一系列的矛盾和问题。

1. 总量：接近"天花板"且建设用地后备资源不足

目前上海市建设用地接近发展底线，后备资源严重不足。截至2013年底，上海市建设用地总规模为3 055平方千米，逼近建设用地"零增长""负增长"背景下确定的2020年规划城市建设用地总规模的3 185平方千米，部分区县建设用地总量已经超过"天花板"；同时，后备资源严重不足。2013年，上海市未利用地为1 939平方千米，占到土地总面积的近24%，而这其中，大部分为涉及城市防洪防汛安全不能开发利用的河流水面（合计1 719平方千米，占未利用地的89%）；同时，建设用地扩张进一步挤占生态空间，对耕地保护及城市生态安全都带来了严峻挑战，土地可持续发展面临困境[①]。

2. 增量：新增建设用地空间有限

在总量控制的前提下，如前文所述，建设用地总规模距2020年规划控制总规模的3 185平方千米仅有130平方千米的距离，若不加以控制，3～5年内，新增空间将趋于0。当前上海市已经积极采取措施，逐渐缩减新增建设用地计划，同时明确集中建设区内经营性建设用地供地必须与集中建设区外建设用地减少相挂钩的政策措施。即便如此，新增建设用地空间依然有限，亟待优化和挖潜。

3. 存量：存量建设用地流转渠道尚未畅通

上海市建设用地存在一定程度的低效、违法等现象，同时有大量城中村、二级旧里、老旧厂房和商服用地、集体建设用地等需要改造和升级；存量建设用地空间巨大但难以盘活，无法改善城市的整体品质。究其原因，包括以下几方面：一是存量建设用地转型和盘活缺乏规划与政策指导，存量盘活手段单一，二级转让市场不健全等；二是存量建设用地盘活缺乏利益平衡机制，在政府资金不足的情况下，又难以调动社会力量和原土地权利人二次开发的积极性；三是存量建设用地实际用途变更途径尚未畅通，部分实际用途已经变更的但符合规划要求的存量建设用地难以有效盘活；四是

① 上海交通大学新农村发展研究院.上海大都市土地节约集约利用研究［R］.2016.

农村集体经营性建设用地流转市场尚不完善,集体建设用地资源、资产、资本属性无法充分体现,不能与城市建设用地实现统筹管理。

4. 流量:存量建设用地尚难以形成有效流量

上海市近年来一直保持1/3左右的新增建设用地用于产业项目,但从目前新增工业用地的建设与利用情况看,存在新增建设用地闲置、产出效益不明显现象,新增工业用地管理有待加强。存在上述问题的主要原因包括以下几点:一是城乡建设节约集约用地标准体系不够完善,新增工业用地产业项目准入门槛偏低,造成产业项目参差不齐,总体绩效难以显现;二是忽视产业用地环境约束要求,绩效评价尚未涵盖环保指标,导致工业用地环境污染;三是尚未实行土地全生命周期管理,工业用地的供应年期超出一般产业项目的生命周期,但其尚未建立涵盖社会、经济、环境等全要素指标和产业准入、项目建设运行、综合绩效评估、土地使用权退出的全过程管理体系,造成新增用地低效利用并缺乏退出手段等;同时,如第三点所述,存量用地流转尚未畅通,现有存量建设用地难以形成有效流量,未来需进一步创新管理方法与政策,建立科学有效的存量用地盘活利益共享机制,推动各利益主体积极盘活存量低效建设用地。

5. 质量:资源环境容量倒逼经济转型的机制尚未形成

当前,资源环境容量倒逼经济转型的机制尚未形成。从用地结构来讲,工业用地占比较高,远高于国际发达城市的比重,同时人均公共绿地及基本公共服务设施用地的比重相对偏低;从产业项目准入标准控制来讲,没有产业用地环境约束要求,绩效评价也尚未涵盖环保指标,导致工业用地环境污染;农村地区脏乱差现象仍广泛存在,基础服务设施及公共服务设施配套不足,总体发展质量有待进一步提升。

在此背景之下,2014年,上海市人民政府印发《关于进一步提高本市土地节约集约利用水平若干意见的通知》(沪府发〔2014〕14号),明确了"总量锁定、增量递减、存量优化、流量增效、质量提高"的土地管理政策,即"五量调控"政策。按照"五量调控"管理政策,把3 185平方千米作为上海未来建设用地的"终极规模"予以锁定,严格规划管控,合理安排建设用地规模、布局、结构和时序,树立"底线思维",全面落实基本生态网络规划,实现"总量锁定";逐年递减全市新增建设用地年度计划,同时加大新增建设用地计划与集中建设区外减量化规模的关联力度,对于有限的新增建设必须实现差别化的供应,实现"增量递减";推动郊野地区土地综合整治和中心城区城市更新,功能上按照"高端化、集约化、服务化"要求提升产业能级和城市服务品质,空间上按照规划促进集中布局、立体开发,实现"存量优化";实施土地利用全要素、全生命周期管理,建立城乡统一的建设用地市场,提高空间周转指标的周转速度和效率,确保市场供应,实现"流量增效"。适度降低工业用地比重,提升工业用地产出水平,提高公共绿地和公共服务用地占比,实施土地综合开发和复合利用,构建田、林、园、水等大系统生态空间,提升城市生产、生态、生活的总体品质,实现"质量提高"。

4.1.2　"5Q5E"评估方法

如前所述,"总量锁定、增量递减、存量优化、流量增效、质量提高"的"五量调控",确立了大都市郊野土地高质量利用的外部制度框架。在此之下,其功能内涵应当包括"优化用地效率、改善用地经济性、提高用地生态性、增强用地均衡性以及促进用地公平性"五个方面(柴铎、周小平、谷晓坤,2017)。

(1)优化用地效率(Efficiency)。即不是一味地提高建设强度,而是尊重边际报酬递减等客观规律,在城市的不同发展阶段,有增有减、科学调节土地利用率和利用强度,使城市"边际线"和"天际线"有进有退,动态适应城市承载力需求。

(2)改善用地经济性(Economical)。它包括两个方面:一是配置经济,应全面比较土地不同用途(农用/建设)的综合价值产出来决定土地配置,避免错配;二是利用经济,不应仅以产值为标准,而应以绿色、高质为导向,注重衡量土地的新产业、新动能的比重。

(3)提高用地生态性(Ecological)。维护生态空间,改善环境景观,提升土地生态质量,满足城市人居环境的土地生态价值需求。

(4)增强用地均衡性(Equilibrium)。即生产、生活和生态用地均衡。一是比例平衡，即建设用地、农用地、未利用地及内部各地类的协调平衡；二是组团均衡，即都市文明与乡村文明、人文环境与自然环境、现代景观与历史景观的共生、共荣；三是形态均衡，即科学布局建设用地，塑造健康的"城—镇—村"体系。

（5）促进用地公平性（Equity）。即在建设用地特别是公共设施和服务的规划、配置中，注重城乡间、地区间、社会群体间的利益和发展机会的公平、共享。

可将大都市土地高效利用的总体框架，即用地总量、增量、流量、存量和质量"5个量"的管控概括为5Q（取 Quantity 首字母）；将土地利用的具体功能，即利用效率、经济性、生态性、均衡性和公平性的具体要求取各自英文单词首字母概括为5E。由此构建出大都市土地高效利用的"5Q+5E"评估框架。5Q方面，对外延郊野地区建设用地的约束是城市建设用地管住增量、控制流量、约束总量的关键，也是挖掘存量潜力、提升用地质量，为城市腾挪发展空间、置换土地指标的关键。5E方面，郊野在城市中承担"三农"、生态环境改善、休闲游憩等职能，低效和污染企业也相对较多，在调节城市土地利用率和利用强度（建设用地增减）方面承担特殊任务，是增加优质产能和增强土地生态服务的关键区；也是多中心城镇布局铺展、推动城乡公共服务均等化的关键区。可见，"5Q5E"抓住了郊野地区节约集约用地的关键诉求。

以上述"5Q5E"评估框架为导向，以乡镇为评价单元，首先将5Q作为准则层，构建大都市郊野建设用地的五量指数，分别是土地利用总量指数（TQI）、土地利用增量指数（IQI）、土地利用存量指数（SQI）、土地利用流量指数（FQI）和土地利用质量指数（QQI）。按照一级指数分类，邀请来自中科院、国土资源部土地整治中心、上海市规划和国土资源局、上海交通大学、中国人民大学、北京师范大学、中央财经大学的15位专家对待选指数及权重进行打分，最后选取18个二级指标，共同构成大都市郊野建设用地"5Q5E"评估指标体系，如表4-1所示。"5Q5E"评价指标的权重测算如表4-2所示。

表 4-1　大都市郊野乡村建设用地 "5Q5E" 评价指标体系

一级指数 （5Q 准则层）	反映指标 （5E 指标层）	指标计算方法及解释
用地总量指数 TQI "总量锁定"	发展空间余量 （TQI-RQ）	TQI-RQ=规划年（如 2020 年）乡镇建设用地规划总规模—乡镇现状建设用地总规模，用以反映乡镇建设扩张的后备空间量
	建设用地比重 （TQI-CP）	TQI-CP=乡镇现状建设用地/乡镇总面积，反映建设用地总体规模与地区总体建设开发强度
	建设用地集聚度 （TQI-CC）	TQI-CC=乡镇集中建设区内建设用地总量/乡镇建设用地总量，反映乡镇建设用地总体分布形态
	工业用地合规度 （TQI-ID）	"104" 工业区块内工业用地面积/工业用地总面积，反映乡镇高质量工业用地的比重
用地增量指数 IQI "增量递减"	新增建设用地变化率（IQI-AQ）	IQI-AQ=目标年份与基期年份建设用地总量差值/基期年份建设用地总量，反映乡镇建设用地增速
	新增工业用地变化率（IQI-IQ）	IQI-AQ=目标年份与基期年份工矿仓储用地总量差值/基期年份工矿仓储用地总量，反映乡镇工矿仓储用地增速
用地存量指数 SQI "存量优化"	地均 GDP 变化率 （SOI-PP）	SOI-PP=目标年份与基期年份二、三产地平均 GDP 差值/基期年份二、三产地平均 GDP，反映存量用地经济产出是否优化
	人均建筑面积变化率（SOI-PC）	SOI-PC=目标年份与基期年份人均建筑面积差值/基期年份人均建筑面，反映存量建设用地人口承载力是否优化
	城镇综合容积率变化率（SOI-IC）	SOI-IC=目标年份与基期年份城镇综合容积率差值/基期年份城镇综合容积率，反映存量建设用地开发强度是否优化
	低效用地变化比率 （SOI-LC）	SOI-LC=列入减量化计划的工业用地面积和宅基地面积/乡镇低效工业用地和宅基地总面积，反映存量低效用地的减少趋势
用地流量指数 FQI "流量增效"	人口用地弹性 （FQI-EP）	FQI-EP=基期年份至目标年份人口变化率/建设用地变化率，反映乡镇流量建设用地的人口承载效能增效情况
	经济用地弹性 （FQI-EE）	FQI-EE=基期年份至目标年份二、三产增幅/建设用地变化率，反映乡镇流量建设用地的经济承载效能增效情况

（续表）

一级指数 （5Q准则层）	反映指标 （5E指标层）	指标计算方法及解释
用地质量指数 QQI "质量提高"	人口密度 （QQI-PD）	QQI-PD=目标年份人口总量/乡镇总面积，反映乡镇现状建设用地人口承载力现状
	地均GDP （QQI-ED）	QQI-ED=二、三产产值/建设用地总面积，反映乡镇现状建设用地经济承载力现状
	人均城镇生态用地 变化率（QQI-EP）	QQI-EP=目标年份生态用地总量/目标年份总人口−基期年份生态用地总量/基期年份总人口，反映乡镇建设用地生态宜居性（城镇生态用地=城镇绿化用地+河湖水域+农用地）
	人均公共设施用地 变化率（QQI-PP）	QQI-PP=目标年份公共服务设施用地面积/目标年份总人口−基期年份公共服务设施用地面积/基期年份总人口，反映乡镇建设用地公共服务便捷性和均等化程度
	人均宅基地面积变 化率（QQI-RS）	QQI-RS=目标年份与基期年份农村人口人均宅基地面积变化率/基期年份农村人口人均宅基地面积，反映乡镇农民宅基地的利用集约度
	单位工业用地产— 耗污比变化率 （QQI-PL）	QQI-PL=目标年份与基期年份[（二产GDP/污染排放量+耗能量）/工业用地总面积]的差值/基期年份[（二产GDP/污染排放量+耗能量）/工业用地总面积]，综合反映工业用地价值创造的绿色节能性

表4-2　大都市郊野乡村建设用地"5Q5E"评价指标与权重测算

指数（5Q）	指数权重	指标	指标权重	属性	指标含义
用地总量指数 TQI "总量锁定"	0.21	发展空间余量（TQI-RQ）	0.06	正	效率
		建设用地比重（TQI-CP）	0.06	正	效率
		建设用地集聚度（TQI-CC）	0.05	正	经济
		工业用地合规度（TQI-ID）	0.04	正	经济
用地增量指数 IQI "增量递减"	0.10	新增建设用地变化率（IQI-AQ）	0.05	负	效率
		新增工业用地变化率（IQI-IQ）	0.05	负	效率

（续表）

指数（5Q）	指数权重	指　　标	指标权重	属性	指标含义
用地存量指数 SQI "存量优化"	0.25	地均GDP变化率（SOI-PP）	0.07	正	经济
		人均建筑面积变化率（SOI-PC）	0.05	正	均衡
		城镇综合容积率变化率（SOI-IC）	0.07	正	效率
		低效用地变化比率（SOI-LC）	0.06	正	效率
用地流量指数 FQI "流量增效"	0.14	人口用地弹性（FQI-EP）	0.07	正	效率
		经济用地弹性（FQI-EE）	0.07	正	效率
用地质量指数 QQI "质量提高"	0.30	人口密度（QQI-PD）	0.06	正	均衡
		地均GDP（QQI-ED）	0.06	正	经济
		人均城镇生态用地变化率（QQI-EP）	0.05	正	生态
		人均公共设施用地变化率（QQI-PP）	0.05	正	公平
		人均宅基地面积变化率（QQI-RS）	0.04	负	效率
		单位工业用地产—耗污比变化率（QQI-PL）	0.04	正	生态

4.2 典型案例：青浦区建设用地利用 "5Q5E" 评估与空间治理方向 ▶▶

4.2.1 数据来源与处理

与前文青浦区郊野多功能空间特征中划分的郊野范围保持一致，即以徐泾镇、赵巷镇、华新镇、重固镇、白鹤镇、朱家角镇、练塘镇和金泽镇8个镇作为评价对象。评价目标年为2016年，基期年为2010年，数据跨度为2010年至2015年。其中，用地现状数据来源于上海"二调"数据，变更至2015年12月31日，运用ArcGIS软件进行地类统计和图斑筛选；规划数据如集中建设区采用上海"两规合一"土地利用总体规划的矢量图层。人口、GDP及各产业产值、排污、能耗等数据,来源于各区统计年鉴和乡镇最新经济普查数据;企业用地、经营情况、就业情况及各村实际居住人口数等数据,来源于前期《郊野单元规划》调查的结果。

4.2.2　评价结果

1. 总量指数(TQI)

青浦区8个郊野镇用地总量指数空间分布如图4-1所示,用地总量指数值高的区域包括徐泾镇、朱家角镇和赵巷镇,而用地总量指数低的区域则包括白鹤镇、华新镇、金泽镇和练塘镇,用地总量指数居中的区域有重固镇。

2. 增量指数(IQI)

青浦区8个郊野镇用地增量指数空间分布如图4-2所示,各镇用地增

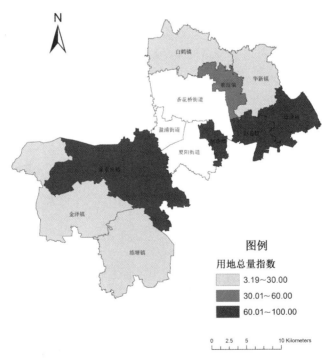

图4-1　青浦区郊野镇总量指数空间分布

注:本图资料来源如本章4.2.1所述,使用ArcGIS软件绘制而成。

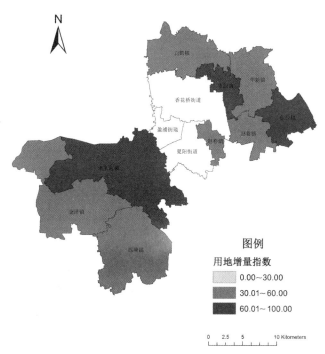

图4-2　青浦区郊野镇增量指数空间分布

注：本图资料来源如本章4.2.1所述，使用ArcGIS软件绘制而成。

量指数值总体处于偏高值。其中，增量指数相对较高的区域包括徐泾镇、朱家角镇和重固镇，而用地增量指数居中的区域包括金泽镇、练塘镇、赵巷镇、华新镇和白鹤镇。

3. 存量指数（SQI）

青浦区8个郊野镇用地存量指数空间分布如图4-3所示，各镇用地存量指数值总体处于偏高值。其中，存量指数相对较高的区域包括徐泾镇、赵巷镇、朱家角镇、金泽镇和练塘镇，而用地存量指数居中的区域包括重固镇、华新镇和白鹤镇。

4. 流量指数（FQI）

青浦区8个郊野镇用地流量指数空间分布如图4-4所示，用地流量指数值高的区域包括重固镇、朱家角镇和金泽镇，而用地流量指数低的区域则包括赵巷镇、徐泾镇和练塘镇，用地流量指数居中的区域包括白鹤镇和华新镇。

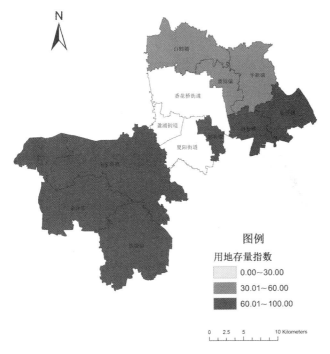

图4-3　青浦区郊野镇存量
指数空间分布
注：本图资料来源如本章4.2.1
所述，使用ArcGIS软件绘制
而成。

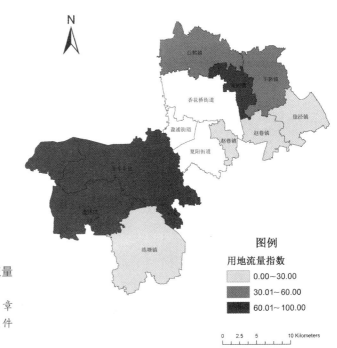

图4-4　青浦区郊野镇流量
指数空间分布
注：本图资料来源如本章
4.2.1所述，使用ArcGIS软件
绘制而成。

5. 质量指数（QQI）

青浦区8个郊野镇用地质量指数空间分布如图4-5所示,各镇用地质量指数值总体处于偏高值。其中,质量指数相对较高的区域包括徐泾镇和重固镇,而用地质量指数居中的区域包括朱家角镇、金泽镇、练塘镇、赵巷镇和白鹤镇。

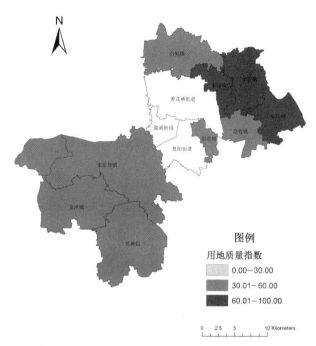

图4-5　青浦区郊野镇质量指数空间分布

注:本图资料来源如本章4.2.1所述,使用 ArcGIS 软件绘制而成。

4.2.3　重点区域的空间治理方向

1. 重点区域划分的原则

（1）集中成片原则:在不打破行政边界的基础上,以乡镇为最小单位,确保空间上具有连片性,便于集中整治,切实提升重点区域建设用地的节约集约利用水平。

（2）均衡分布原则:不仅保证用地结构的均衡,也要保证重点区域分布的均衡,避免过度集中。根据不同区域的经济发展状况和建设用地利用状况,合理划定重点区域。

(3)实事求是原则:坚持用数据说话、实事求是的原则。根据土地节约集约利用水平的测算结果以及土地节约集约利用程度的分级,初步判定青浦区建设用地节约集约利用水平提升的重点区域。在此基础上,结合土地利用潜力的测算结果和分级结果,确定建设用地节约集约利用水平提升的重点区域。

(4)数量控制原则:点区域应作为近期(一般为五年)重点关注的区域,为提高研究的针对性和可操作性,集中力量提升重点区域土地节约集约利用度,应统筹全域,合理设定重点区域的数量,以保证有限的时间、有限的资源集中投入,切实解决重点区域土地节约集约利用问题,避免"大铺张""走过场"。

2. 重点区域划分方法

1)综合总体评价与潜力测定结果

首先根据郊区县建设用地节约集约利用水平测算结果和集约度分级结果,初步判定建设用地节约集约利用水平提升的重点区域;其次根据建设用地的节约集约利用的潜力测算结果和分级结果,由此判定建设用地节约集约利用水平提升的重点区域;最后将两次判定的结果进行综合比较和分析,最终确定建设用地节约集约利用水平提升的重点区域。

2)结合特定指标相似性进行同质聚类

根据测算出的不同乡镇的特定指标值,进行系统聚类,特定指标值相似且空间上相邻的乡镇可划定为同一重点区域。

2. 重点区域的空间治理方向

1)建设用地总量锁定重点区域

严控该类乡镇的建设用地规模,合理安排建设用地规模、布局、结构和开发时序,实施土地利用总体规划的定期评估和适时修编,努力实现规划建设用地总规模的"零增长";推进集中建设区外的现状工业用地和宅基地的减量化,重点实施生态修复和整理复垦。

2)建设用地增量控制重点区域

应严格控制该类乡镇的新增建设用地规模,减少新增建设用地计

划。按照严控新增建设用地总量和保障新型城镇化建设的要求,对新增
建设用地实行稳中有降、逐年递减的办法。同时,要不断完善新增建设用
地计划管理。推进土地利用计划差别化、精细化管理,统筹安排新增建设
用地计划、城乡增减挂钩计划和集中建设区外低效建设用地减量化计划;
加大新增建设用地计划和集中建设区外减量化规模的关联力度,将区县
年度新增建设用地计划分解量与现状低效建设用地盘活和减量化等工作
关联。

3）建设用地存量优化重点区域

该类乡镇应综合运用土地、经济与产业政策等手段,在淘汰落后产能、
关停“三高一低”企业、提高第二产业准入门槛的同时,加大对第三产业发
展的扶持力度;适度压缩新增工业、商业用地规模,促进建设用地经济产出
效益的提升。同时,适度提高未来建设开发、村镇改造中的建筑容积率,增
大土地开发利用的强度,在维持、保障住房供地需求的同时,适度调高住宅
用地容积率。此外,针对现状低效建设用地减量化推进不力的情况,应继续
加大对乡镇的督导,通过新增指标、占补平衡指标等工具促进乡镇“198”工
业用地和现状宅基地的腾退减量,在市、区层面借助土地整治重点工程等形
式,适度增加对该类乡镇减量化补偿的扶持力度。

4）建设用地流量增效重点区域

该类乡镇建设用地的需求不是靠新增建设用地,而是主要靠集建区外
低效建设用地减量化产生的流量。今后要大力盘活该类乡镇建设用地的存
量,稳定土地流量指标,确保市场供应量不受影响。要强化土地全要素、全
生命周期管理,实行新增工业用地弹性年期出让制度,提高产业进入门槛,
将经济、社会、环境等要素指标和要求纳入合同管理,实施定期评估和全过
程管理。

5）建设用地质量提高重点区域

严格控制工业用地量,努力实现工业用地负增长,降低工业用地的绝对
规模和相对比例;加大土地投入强度,适度集中、集聚,提升地均GDP;加大
对田、水、路、林的整治,提高公共服务设施用地占比,加大基础设施和公共
开放空间的土地供应力度,提升公共空间品质。实施土地复合利用,推进基

础设施和公共设施用地的综合开发利用,积极探索土地的立体开发,最大限度地节约集约利用土地,实现"宜居""低碳"和"生态"目标。

4.3　存量空间治理：低效建设用地减量化 ▶▷

减量化在国外多被称为"整治"或"复垦",就是通过政策和工程技术手段,把利用不佳的建设用地恢复成生态或农业使用状态,是国际上公认的有效促进乡村更新和发展的政策。上海的减量化政策与国际其他城市的区别突出体现在两个方面:一是减量化的对象,主要包括"198"工业用地和农村宅基地两种类型;二是减量化的范围,限定在"两规合一"划定的集中建设用地范围外。因此,上海称之为"集建区外建设用地减量化",即复垦有污染、高能耗、低效益的工业用地,适当归并零星分散的宅基地,盘活闲置的其他集体建设用地等;通过奖励规划空间、指标和建立"造血机制"来开辟镇、村发展的广阔"新天地",实现增效、增产、增收和增绿。

4.3.1　政策框架和实践进展

自2014年上海市全面实施新增建设用地计划与"减量化"挂钩制度以来,经过几年的探索,初步形成了三级多部门联合的"198"减量化政策框架,由于市级政策操作性强,因此,区镇级政策以落实为主。市级政策最核心的是2015年2月正式出台的《关于本市推进实施"198"区域减量化的指导意见》,明确了以增减挂钩政策为主要支持措施、建立集体经济组织长效造血机制、给予市区财政资金支持、产业结构调整引导和资金支持以及实行环保"增量倍减"计划这六项措施。2015年3月,上海市规划国土资源局、市财政局制定了《"198"区域减量化市级资金补助实施意见》,明确市级财政补助资金为20万元/亩,按照"二调"数据中确认的用地类型计算。2015年4月,上海市规划国土资源局又制定了《关于"198"工业用地减量化土地整理复垦项目立项实施的指导意见》,进一步明确了项目立项、实施、验收的管理程序。区县在市级政策的基础上发布了本区减量化政策文件(如青浦区还制定了减量化工作实施方案），多个镇政府也形成了关于"198"区域土地减量化工作的试行意见。

1. 面上推进情况

截至 2015 年 6 月，上海市 9 个郊区县开展了"198"减量化工作。据上海市建设用地和土地整理中心提供的资料显示，2014 年，全市立项的"198"减量化项目涉及工业用地规模为 632 公顷；减量面积最大的区县是嘉定（123 公顷）和青浦（35 公顷）。截至 2015 年 6 月底，完成验收或即将完成验收的规模为 196.55 公顷，占立项总规模的 31.10%。2015 年，全市下达 700 公顷的"198"减量化任务，各区县自行申报拟完成的任务量达到 900 公顷；截至 2015 年 6 月底，通过立项审批的项目共 519 个，涉及工业用地规模 632 公顷，完成任务最好的是浦东（163%）。另外，松江、嘉定和青浦等几个区县"198"减量化推进较好的直接原因是区领导重视、基本上形成了多部门聚焦的减量化政策氛围；背景原因则是它们已经出现了现状建设用地总量与规划建设用地总量的倒挂现象，按照上海市"总量锁定"的原则，必须首先削减现状"198"建设用地，才能腾挪出新增建设用地指标和空间。

2. 典型案例负责人的政策评价

按照上述政策框架，乡镇是具体实施"198"减量化的主体。从 2013 年至 2015 年整体推进较快的松江、嘉定和青浦这三个区中分别选择推进好的乡镇和推进差的乡镇进行典型案例研究，以便进一步总结经验。

课题组调查了推进较好的乡镇减量化相关负责人共 45 人，结果发现：① 总体上他们认为推进减量化的难度等级为中等偏下水平。② 乡镇推进减量化的动因方面，最重要原因分别是："镇进一步发展的需求"和"有类集建区奖励"；"市区提供补贴资金"和"指标可以被收购获得收入"。③ 减量化面临的困难主要在于资金平衡太难（27%）、缺少启动资金（22%）、类集建区难以启用（22%）、产业结构调整（18%）、环保"增量倍减"（11%）与减量化对接缺少操作细则。

进一步对参与减量化的村集体相关负责人共 15 人进行调查，出现了一个明显的村庄分化现象：那些认为减量化推进非常困难的村，往往都对补偿方式和标准比较满意,而最大的困难集中在企业腾退纠纷上;而另外那些认为减量化推进比较顺利的村,又都对补偿方式和补偿标准不太满意,最大的困难就是镇里给的补偿太低。

由此可见,在统一的政策框架和操作流程下,乡镇出现了减量化推进的快慢之分,其主要原因在于乡镇本身的条件差异,以及由乡镇自身特征产生的对不同政策响应的敏感度,也就是政策设计与乡镇特征的匹配性是影响"198"减量化政策实施的主要原因。根据对典型案例区、镇、村、户四级的调研,总结了推进较好的两类乡镇的两种典型做法,也分析了推进较慢的乡镇的主要困境。

3. 推进较好乡镇的主要经验

"198"减量化推进较好的乡镇已大致形成了两种不同做法。

1)区域性强镇与"高入高出,市场资金为主,指标镇内使用"方式

第一类乡镇称为区域强镇。这类乡镇典型的特征是:① 乡镇规划2020年集中建设用地面积是所属区中规模较大的(新桥2020年规划集中建设用地区规模在松江区11个镇中位列第四,祝桥则在浦东新区所有乡镇中位列第二),也就是说它们都具有集中建设区使用的空间,但是要激活它们,必须要先减量再使用,乡镇有使用集建区空间(用地指标)的迫切需求,这是乡镇有意愿开展减量化的一个前提条件;② 地均GDP在所属区中也位列上游,也就是它们的经济实力和用地效益在全市所有乡镇中位于前列。因此,在减量化政策的刺激下,这类有需求、有能力的区域强镇借助市场力量可以开展减量化工作。

第一种做法以新桥镇和祝桥镇为代表,其减量化特点为"资金高入高出,资金来源以市场为主,用地指标镇内使用",即通过吸引市场资金筹集"198"拆除补偿复垦所需资金,高资金收入额(新桥镇9.3亿元土地出让金)与高补偿成本(新桥镇8.1亿元"198"工业用地拆迁补偿费)维持平衡,减量化所获得的指标和空间主要在本镇范围内使用。新桥镇和祝桥镇的具体实施方式又略有不同:新桥镇的"198"工业用地拆迁成本为120万元/亩,用于平衡资金的出让地价为500万元/亩～800万元/亩,"198"减量化启动资金主要来自绿地公司购买建新区地块所得;祝桥镇的"198"工业

用地拆迁成本为160万元/亩,估计平衡资金的出让地价为800万元/亩～
1 000万元/亩,"198"减量化启动资金主要通过银行贷款筹集。

　　2)远郊农业乡镇与"低入低出,财政资金为主,指标交易镇外使用"方式

　　第二类乡镇称为远郊农业乡镇。这类乡镇典型的特征是:经济实力和
用地效益在全市所有乡镇中较为落后,用地需求也不大,镇本身并没有开展
减量化的强烈需求。区位条件大多位于远郊,用地功能以农业为主,不具备
吸引市场资金投入的条件。这类乡镇突出的优势则是由于动迁无望,镇、村
集体和农户对减量化补偿的预期低,练塘镇和新浜镇第一批减量化成本约
为50万元/亩～70万元/亩。因此,当市区两级财政补贴(120万元/亩)超
过本镇土地出让地价时(新浜镇的出让地价为90万元/亩),就激发了乡镇
依靠财政资金进行减量化的积极性。此时,财政资金支持的持续性将决定
减量化能否持续开展,这一点与第一类乡镇明显不同。

　　第二种做法以练塘镇和新浜镇为代表,其减量化特点为"资金低入低
出,资金来源以财政资金为主,交易指标镇外使用"。即较低资金补贴[①](100
万元/亩～140万元/亩)与较低"198"拆除补偿复垦成本(25万元/亩)维
持平衡,基本依靠财政资金(包括市级补贴资金和区级指标收购资金)完成
对"198"拆除补偿复垦的投入。由于镇内出让获得资金收入低于区级指标
收购费,故减量化所获得的指标和空间主动转移到镇外使用。具体来说,练
塘镇和新浜镇的减量化实施方式有较大不同,主要体现在减量化后对村集
体实施补偿的造血机制设计的差异。

　　练塘镇拟采用"异地置换物业"方式,即村集体利用减量化所得补偿
款从青浦发达地区(如徐泾、华新)置换经营性物业,以该经营性物业的租
金收益支付给各村用于年度分红,实现减量化后村集体的造血机制。在异
地置换方式上,可考虑直接购买物业、自我购置土地后自建物业、带条件出
让获得经营性物业。新浜镇拟采用"镇内置换厂房"方式,即实施减量化
的村集体参与类集建区拟建工业区标准厂房,由多个村集体联合购买土地

---

① 资金补贴主要计算了市级补贴20万元/亩和区级指标收购费80万元/亩～120万元/亩。
　由于镇内土地出让还没有确定的项目,故此处没有考虑镇内出让90万元/亩的出让金
　收入。

后或自建厂房，或以土地入股与投资商合资建造厂房，并按比例分享租金收益。

4. 推进较慢乡镇的主要困境

推进慢的乡镇处于一种"两头不靠"的境况，其面临的主要困境是多重因素交织导致的：区位和经济发展阶段的限制导致用地需求不够强烈；由于长期的动迁安置政策已经让动迁户形成了很高的心理预期，而乡镇经济又没能发展到可以承受高成本的程度。因此，现行的政策不能激发它的有效需求，从而产生持续减量化的行动。

4.3.2　国内外经验借鉴

从德国鲁尔工业区改造计划、美国"工商业废弃地再开发计划"以及法国洛林老工业区整顿计划来看，国外工业用地退出政策特别强调以下方面：

一是转业人员的安置和再就业。以上地区普遍在已有社会保障制度的基础上，采取了进一步的针对性措施。如法国洛林成立了专门的各类培训中心，德国政府也为青年矿工转岗培训提供"转业培训津贴"，并且根据新建企业接纳原矿工数量提供就业职工工资额的60%～80%的补偿金，补偿时间为3个月至12个月。

二是政策的扶持力度大。美国设立了经济开发署（EDA），采取补助金或贷款的方式帮助工业用地所在地的政府。法国也建立了专门负责传统产业和工业衰退地区产业转型的机构，对老工业进行有组织、有计划的转型工作。德国在对鲁尔重工业区进行改造的过程中，成立了鲁尔区地区发展委员会，负责编制鲁尔的长期发展规划。

三是政府在财政上给予经济支持。法国政府、大区政府和银行共同出资组建了矿区再工业化金融公司，为企业提供贷款，努力发展电子、化工等新兴工业，改变单一、传统的经济结构。德国北威州规定：凡是生物技术等新兴产业的企业在当地落户，将给予大型企业投资者28%、小型企业投资者18%的经济补贴。德国联邦政府为改善老工业基地的基础条件，曾拨款3亿美元用于改善鲁尔区的交通、通信等基础设施，以优化投资环境吸引国外投资。

四是强调环境改善的政策。针对产业撤退后土地污染严重、清理耗资巨大、私企无利可图的问题,德国州政府设立土地基金,购地后进行修复,土地经过消毒等处理后再出让给新企业,成为新的工业用地或绿地。

近几年,广东佛山大力开展了"三旧"复垦(绿)计划,主要是对旧城镇、旧厂房、旧村居进行复垦。广东的"三旧"复垦(绿)政策与上海目前实施的"198"减量化政策在政策主导、市场运作、财政补贴、土地出让金返还等方面比较相似,突出的差异体现在补偿主体和增值收益的分配上,广东要求按照同地同价原则,给予农村集体组织和农民合理的补偿。原村集体在旧村改造范围内的留用地、工业用地允许免交有关费用,纳入统一规划、改造的范围,土地升值的收益由村集体、旧村居民和开发商共同享有。

4.3.3　政策实施的具体问题

(1) 没有形成各部门的政策合力。目前,"198"减量化的刺激政策主要来自规划和土地部门。财政、产业、环保部门参与的积极性不足,如安检、工商、农委等与"198"减量化密切相关的部门基本没有参与。具体表现为:① 产业结构调整政策与"198"减量的衔接不紧密。除新浜镇将 5 000 万元/镇的产业结构调整资金用于"198"工业用地减量以外,新桥镇和外冈镇选择将这笔资金用于"195"工业用地转型升级,练塘镇的这笔资金也没有用于"198"区域减量。② 环保"增量倍减"的认知度和操作性都不强。调查中仅有 2 人知道环保"增量倍减"计划,其余所有人都表示不清楚这一计划是与"198"减量化相关的。③ 启动资金拨付时间过长,镇政府垫付资金压力大。

(2)"198"减量化政策对国有土地使用权尚无明确规定。目前镇域内涉及一部分的国有不良资产(教育设施、供销社、粮油公司等),这些国有资产以国有划拨方式取得,用地单位基本上都是区属或市属单位,有些单位还同时拥有部分集体土地使用权。

(3)"198"减量化项目立项时间短,要求在一年内完。但是实际实施过程中企业能否顺利拆迁的变数大，个别项目存在"钉子户"，将导致整个项目不能验收，进一步影响用地指标的认定。

（4）"198"减量化工业用地有一部分为污染企业，宜复垦为生态用地（林地或草地）。但是，按照国家和上海的政策规定，只有复垦为耕地才能确认用地指标。因此，部分污染工业用地直接复垦为耕地，从而加大了农产品的质量风险。

（5）"198"工业用地认定有争议。目前，"198"工业用地是由上海市"大机系统"中的集建区控制线和"二调"数据库用地类型联合认定的。由于历史原因，在"198"工业用地认定中出现图斑界线与现实界限不一致的问题，如有的企业一半用地属于"198"工业用地，另一半则不属于。

（6）"198"中仍然有部分用地效益好、规模大的企业，如新桥的春申工业区属于"198"工业用地，涉及235户企业，拆除的难度和成本都太大，建议保留。

4.3.4 政策持续可能的风险预计

根据沪府办2015（3）号文，上海全市2015年至2017年三年减量化计划目标为20平方千米，至2020年减量化目标为40～50平方千米。以204平方千米的现状"198"工业用地面积推算，减量化政策将是一个长期持续的政策，未来的政策风险可能有以下几个方面。

1. 乡镇分化与减量化统一推进的矛盾

如前所述，区域强镇和远郊农业镇的推进较其他乡镇更为顺利，这两类乡镇在减量化的动因、面临的困难、具体做法等方面已经出现了明显的分化。在未来政策持续推进的过程中，可能会出现乡镇分化与减量化统一推进的矛盾，一是"两边不靠"的乡镇在现行的政策框架下减量化的积极性不够，需要进一步调整政策；二是区域强镇对类集建区和用地指标自用更为敏感，而远郊农业镇对财政补贴和指标收购更为敏感，现行对所有乡镇实施统一的统计口径，并不能与各乡镇的政策需求实现最有效的对接。以财政资金依赖度为例，区域强镇的代表新浜镇为80%，练塘镇为72%；远郊农业镇的代表新桥镇仅为13%，外冈镇为26%。因此，在市区财政资金有限的条件下,从财政资金使用效果的角度出发,统一的财政补贴标准与两类乡镇不同的财政资金依赖度就存在公平与效率的矛盾。

2. 增减化成本增加与财政资金难以为继的风险

随着政策的持续推进,减量化成本必然将不断增加,其原因在于:一是客观上补偿成本的增加。目前所有乡镇的"198"减量化都是按照"从易到难"的原则,先筛选出成本最低的一批工业用地开始减量化工作。2014年和2015年的减量化地块有一部分是实际已经处于废弃、工厂停产甚至已经复垦的地块。随着减量化工作的持续推进,拆迁企业的合同时间、规模效益等条件导致客观上的成本增加(如祝桥第一批减量化项目成本为160万元/亩,预计后续项目将逐渐增加至350万元/亩)。二是多年来上海推行征地动拆迁、宅基地置换形成的补偿标准高的政策惯性和心理预期,进一步在主观上提高了村集体以及企业对补偿的要求。课题组调研中发现,镇、村基层普遍认为,动拆迁、宅基地置换与减量化这三个概念基本上是相同的。目前所有乡镇减量化都延续了动拆迁和宅基地置换的工作思路。以2006年的14个宅基地置换试点项目为例,之所以没能在全市推广的主要原因在于成本高、财政难以支持。

因此,在区、镇资金平衡的原则下,随着减量化的推进,简单的、低成本的减量化地块越来越少,成本增加、财政难以维持也将是"198"减量化全市持续推广面临的最大风险。

3. 类集建区统一设定与乡镇差异显著的用地效益之间的矛盾

类集建区设定的目的在于给村集体提供造血地块。在5个调研乡镇中,除练塘镇放弃类集建区以外,其余4个乡镇均新建了类集建区。新桥镇和祝桥镇的类集建区新建物业预计能够提供长期稳定的收入,而嘉定的类集建区面临预期收益落空的风险(即商业或写字楼空置),新浜镇的类集建区则面临新建工业厂房用地效益不佳的风险。进一步从全市层面上看,涉及集建区外减量化的98个乡镇的用地效益差异显著(见图4-6),很可能出现第二类乡镇计划新建的工业用地效益低于第一类乡镇拆除的工业用地效益,从而导致经济发展好的乡镇发展受限、经济落后乡镇继续增加低效用地的问题。

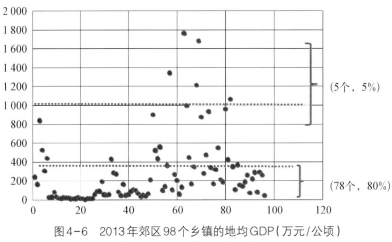

图4-6　2013年郊区98个乡镇的地均GDP(万元/公顷)

资料来源：上海市郊野统计年鉴2014。

4．"指标交易"带来村集体和农民的土地权益损失的风险

土地增值收益分配是近十年来增减挂钩政策备受关注的焦点问题。"198"减量化的土地增值收益主要来源于两部分：一是由于村（镇）减少工业用地后，通过增减挂钩，在其他区域相应的建设用地出让而带来的收益；二是"198"复垦为耕地后所获得的耕地保护补偿收益。目前"198"减量化的指标挂钩使用涉及两个层次的增值收益分配问题：一是本镇使用指标部分，主要是本镇减量化村集体与使用指标的"镇—村"集体之间的土地增值收益共享问题；二是或自愿或规定由区县政策收购指标部分，主要是区县与减量化乡镇，以及使用指标乡镇与减量化乡镇之间的土地增值收益共享问题。

5．远郊农业乡镇指标被收购导致农村发展预期落空风险

远郊乡镇在功能定位上以农业为主，无论是要发展农业"接二连三"，还是实现农村六次产业，都需要以下两种必要的农村发展用地：一是农机库房、粮食烘干、育苗育种、农产品工厂化生产和标准化畜禽养殖等都市现代农业配套的设施农用地；二是郊野公园范围内发展具有一定品质和等级的乡村旅游设施用地。课题组通过对全市20多个远郊乡镇郊野单元规划方案的分析发现，95%的远郊乡镇通过减量化产生的用地指标都用于区县回购获得资金，没有考虑到都市现代农业设施用地和乡村旅游用地的基本

需求。随着后续减量化成本的进一步提升，所获指标用于农村发展的难度也将进一步增加，导致农村发展预期落空的风险。

4.3.5　存量空间治理建议

（1）按照"由易到难、分类推进、近远结合"的思路，形成"198"减量化按类型分阶段推进的局面。

建议减量化政策增加"乡镇类型判定"的前置条件，根据"乡镇功能""乡镇空间用地余量""地均GDP"等几个关键指标，将全市98个涉及减量化的乡镇划分成"区域型强镇""远郊农业镇""中间培育型乡镇"这三种不同类型。在分类的基础上，按照"由易到难、分类推进、近远结合"的思路，近期优先推进"区域型强镇"和"远郊农业镇"的减量化，重点做好"中间培育型乡镇"的各项政策培育，提高这类乡镇对减量化政策的响应能力。远期则逐渐过渡至以"中间培育型乡镇"为主，总体布局上形成按类型分阶段推进的局面。

（2）根据乡镇特性提供减量化政策的针对性措施，推进减量化政策的精准化成长。

针对区域强镇，在"全市类集建区总量控制"的原则下，根据区域强镇对类集建区和用地指标自用更为敏感的特性，提出两个政策调整建议：一是按用地绩效确定类集建区（有条件建设区）空间奖励比例，达到类集建区向区域性强镇倾斜的政策刺激效果；二是调整区县对所有乡镇采用统一指标收购比例的政策，按照区域内各乡镇用地绩效确定指标收购的比例，通过提高区域强镇的指标自用比例，起到刺激减量化积极性的作用；三是尽快细化产业结构调整和环保"增量倍减"计划的操作性措施，并在未来形成由"用地指标激励"到"环保指标激励"的政策转向。

针对远郊农业镇对财政补贴和指标收购更为敏感的特性，建议调整不同类型乡镇的财政补偿标准。减量化财政资金主要支持市场融资能力差、对财政资金依赖度高的远郊农业镇。同时，在乡镇同意的情况下，提高区县对远郊农业镇减量化指标的收购比例。

针对"中间培育型乡镇"，则从"培育'镇—村'减量化自发性需求"和

"降低补偿成本心理预期"两个方面入手。首先,持续严格执行目前的减量化政策,尤其是减量化与新增指标挂钩的管控制度。其次,针对目前减量化政策激励以"镇"为主的问题,未来政策设计应当按照"补偿下移"的原则,以刺激"村集体"和"农户"的积极主动性为主,如采用"198"减量化的"村集体包干制""现金奖励制"。最后,提前实现"198"企业就业人员(尤其是本地就业人员)的再就业,削弱"198"企业就补偿讨价还价的群众基础,从而降低补偿成本的高心理预期。

(3)通过政策创新,联合保护村集体和农民的合理土地权益。

具体建议包括以下内容:① 创新土地增值收益分配长效共享机制,远郊农业镇推广"异地转换物业"的方式。练塘镇和新浜镇减量化"造血机制"由"指标交易"转向"空间转移"("镇内物业置换""异地物业置换"等),对建立农民共享土地增值收益的长效机制是一次非常好的探索,建议在远郊乡镇中推广。② 将"198"减量化与产权制度改革结合起来,一方面产权制度改革尝试增加集体土地资产股权量化内容;另一方面可将"198"工业用地减量化后获得的用地指标的5%~10%由镇统筹,作为村集体资产,并列入"三资监管"平台。③ 远郊乡镇减量化强调预留空间和指标,保障农村发展所需,建议以"198"工业用地存在利用为主,结合宅基地退出、农村土地资产重组、集体经营性建设用地入股、联营等多种方式灵活开展。④ 提高针对农户的耕地保护经济补偿标准,对基本农田范围内的220万亩永久性基本农田和其余可调整地类按照差别化标准补偿。

(4)进一步完善减量化政策在执行中的操作性细节。

具体包括:① 实现"198"减量化真正的政策聚焦,形成部门合力。简化财政资金拨付流程,出台减量化激励政策的操作细则,增加相关部门的减量化对接政策。② 明确国有土地使用权的"198"减量化管理机制,建议在市、区级层面形成一个专门的协调联系机制,或是直接实现上述用地单位的镇级减量化工作属地化管理机制。③ 优化减量化项目立项、管理和验收的程序,建议项目区减量化复垦面积达到立项面积的较高比例(如95%)即可启动验收程序,并增加立项与验收的动态调整措施。④ 建议向自然资源部争取支持政策,即污染性"198"工业用地减量化后可在短期内(3~5年)实际先复垦为生态用地（草地），但地类管理上依然为耕地。⑤ 针对"198"工业用地中一个地块被分为不同类型的问题，建议在减量化立项阶段增加地类微调整的环节。⑥ 建立"198"与"195"的互相转换通道，经乡镇申请，可将"198"中用地效益高的地块与一定比例的"195"中用地效益差的地块进行互相转换。

第 5 章

大都市郊野公共服务空间治理

城乡基本公共服务的供给水平是衡量空间公平的重要方面。实现城乡基本公共服务均等化是新型城镇化和乡村振兴的核心目标之一。然而,由于大都市郊野零星分散的农村居民点和本地人口老龄化、外来人口大量增加的人口变化趋势,使郊野公共服务设施的供给与实际人口需求之间呈现长期资源错配的突出问题。解决的思路则是统筹考虑大都市郊野"镇—村"空间体系规划、建设用地空间治理与公共服务有效供给,优化大都市郊野基本公共服务设施的规划布局,实现乡村人口的合理集聚和基本公共服务保障。

本章围绕教育、医疗、养老这三个最受关注的基本公共服务的供需匹配目标研究大都市郊野公共服务空间治理。本章定义了公共服务空间可达性的概念及空间定量评估方法。以青浦区为例,分别评估了其教育服务空间可达性、医疗服务空间可达性和养老服务空间可达性,并提出了相应的空间治理方向。

5.1　基本概念与研究进展 ▶▷

5.1.1　公共服务与基本公共服务

公共服务是21世纪公共行政和政府改革的核心理念,包括加强城乡公共设施建设,发展教育、科技、文化、卫生、体育等公共事业,为社会公众参与社会经济、政治、文化活动等提供保障。公共服务旨在加强城乡公共设施建设,强调政府的服务性,强调公民的权利。

公共服务可以根据其内容和形式分为基础公共服务、经济公共服务、公共安全服务和社会公共服务。基础公共服务是指那些通过国家权力介入或公共资源投入,为公民及其组织提供从事生产、生活、发展和娱乐等活动需要的基础性服务,如提供水、电、气、交通与通信基础设施、邮电与气象服务等。经济公共服务是指通过国家权力介入或公共资源投入为公民及其组织即企业从事经济发展活动所提供的各种服务,如科技推广、咨询服务以及政策性信贷等。公共安全服务是指通过国家权力介入或公共资源投入为公民提供的安全服务,如军队、警察和消防等方面的服务。社会公共服务则是指通过国家权力介入或公共资源投入为满足公民社会发展活动的直接需要所提供的服务。其中,社会发展领域包括教育、科学普及、医疗卫生、社会保障以及环境保护等;公民的社会性直接需求,如公办教育、公办医疗、公办社会福利等。

依据2017年国务院颁布的《"十三五"推进基本公共服务均等化规划》(国发〔2017〕9号)规定,基本公共服务是由政府主导、保障全体公民生存和发展基本需要、与经济社会发展水平相适应的公共服务。《"十三五"国家基本公共服务清单》中指出,基本公共服务包括公共教育、劳动就业创业、社会保险、医疗卫生、社会服务、住房保障、公共文化体育、残疾人服务8个领域的81个项目。

基本公共服务均等化是指全体公民都能公平可及地获得大致均等的基本公共服务。其核心是促进机会均等,重点是保障人民群众得到基本公共服务的机会。公共服务设施在传统上属于公共物品范畴,实现供给效率与公平的最大化是其区别于私人设施或服务追求利润最大化的根本特征,其空间可达性事关公共资源分配的公平和公正,是反映居民生活质量的重要标志,也是国内外城市地理学的研究热点之一。

考虑到数据的可获得性和科学计量性,本书的基本公共服务可达性分析仅针对三类公共服务,即教育服务、医疗服务和养老服务。

教育是以知识为工具教会他人思考的过程,思考如何利用自身所拥有的资源创造更高的社会财富,实现自我价值。本书中的郊野乡村教育服务仅指狭义的教育,即学校教育。考虑到服务设施的公共性,研究对象选为在教育领域提供的基础性公共服务,以九年制义务教育阶段中的小学为主要对象。

2000年颁布的《关于医疗卫生机构有关税收政策的通知》(财税〔2000〕42号)文件中指出,医疗服务是指医疗服务机构对患者进行检查、诊断、治疗和提供预防保健、接生、计划生育方面的服务,以及与这些服务有关的提供药品、医用材料器具、救护车、病房住宿和伙食的业务。人民卫生出版社的《医院管理词典》中认为，医疗是一项社会实践活动。医疗服务是指医院或医疗技术人员向人们提供的一种健康服务。郊野乡村基本医疗服务设施主要包括区域内的综合医院、社区医院和医疗服务中心。

养老服务指的是为老年人提供必要的生活服务，满足其物质生活和精神生活的基本需求。本书主要对除家庭养老体系外的社会养老服务机构进行研究讨论，包括政府、社会支持下兴办的、面向所有老年群体的养老设施。

5.1.2　可达性与空间可达性

可达性概念可被简单定义为"从一个地方到另一个地方的容易程度"。美国学者汉森（Hansen）于1959年第一次提出了可达性的概念。他认为可达性是"交通网络中各节点相互作用的机会大小"。通过最小的付出，获取尽可能多的资源和服务，是人类活动的基本规律，可达性正是刻画这一规律的重要概念。Herzele（2003）在研究城市绿地空间时，将可达性（accessibility）定义为居民克服距离和旅行时间等阻力（impendence）到达一个服务设施或活动场所的愿望和能力的定量表达，并把城市公共设施可达性看作衡量其空间分布合理性的一个重要指标。

可达性是一种经验表述，相关指标有距离、时间、费用等，其定义涵盖范围较广，既有时间和空间上的意义，也包含社会、经济方面的价值（Comber等，2008）。① 可达性包含空间上的属性。可达性反映了处于一定空间中不同位置的实体之间的距离关系，因实体分布有疏有密，互相之间交流起来也有易有难，因而可达性总是可以和地理位置、空间尺度与相互作用等概念紧密地联系在一起。② 可达性具有时间属性。空间中不同实体要相互接近才能产生相关作用，需要依托交通路网系统出行，其出行成本除反映在一定的金钱上外，主要体现在时间的消耗上，因此可将时间单位作为交通旅行中最基本的衡量指标（陆大道，1995）。③ 可达性含有社会、经济方面的价值。除时间成本外，可达性的难易程度还可通过经济成本进行衡量，具体可体现在交通费用、运输成本，以及目的地的区位、地产、商业价值和经济发展；除客观成本外，主观意向也是可达过程中消耗的另一个表现形式，具体可体现在对目的地的满意度与吸引力上。④ 可达性是一种测量方法。可达性作为评价服务需求满足程度的典型指标之一,可以通过交通网络或其他障碍约束定性或定量地测度是否具有到达目的地的能力。

影响可达性的因素包括空间因素和非空间因素。空间因素包括地理位置、距离和交通时间等,非空间因素则包括性别、年龄、身体状况、支付能力等。据此可进一步分为空间可达性和非空间可达性(Khan, 1992)。空间可达性强调可达性的空间属性,指区域内任意一点到达最近的公共产品服务中心的时间或距离,忽视收入、偏好、阶层等经济社会属性对可达性的影响。随着GIS技术的应用与发展,地理学、规划学等将空间可达性评价广泛应用于公共服务设施的规划布局合理性评价中,尤其是医疗空间可达性、教育空间可达性及养老设施空间可达性。

5.1.3　公共服务空间可达性相关研究进展

1. 医疗服务可达性

王法辉等(2003)通过两步移动搜索法测算芝加哥地区基本医疗服务的空间可达性,成功地帮助美国卫生部更科学地划定了"医疗短缺区",提出了判断"医疗短缺区"的标准和方法。Rosero-Bixby(2004)通过问卷调查方式,利用哥斯达黎加人口调查数据和健康设施名录,开展了医疗服务可达性和公平性研究。Love & Lindquistll(1995)以美国伊利诺伊州老年人为研究对象,运用GIS及空间分析工具,研究了医疗设施的空间现状及各医院之间的竞争关系。Cromley & Shalom(1986)重点研究了美国专门服务于老年人的流动诊所的服务可达性,并根据人口分布特征建立了一个活动空间的集合。Timothy等(2007)以美国肯塔基州为研究对象,以该州医院数据库为数据来源,对医院服务的使用率和出行时间的地域分布进行了空间比对,经统计后评估了医疗服务可达性与健康之间的关系,并指出农村居民就医可达性水平较差,若最短就医时间超过45分钟,则其医疗服务可能在社会和经济上被边缘化。

王远飞(2006)以上海浦东新区为研究区域,提出运用GIS与Voronoi多边形的地理可达性计算方法研究公共医疗服务可达性。刘钊、郭苏强等

（2007）以北京市城区为例，运用两步移动搜寻法评价了就医空间的公平性。陶海燕、陈晓翔等（2007）以广州珠海区为研究区域，基于潜能模型的优化方案判断医疗服务短缺区。林康、陆玉麒（2009）等基于所开发的公共产品空间布局决策支持系统，以仪征医院空间布局为例，从定量角度深入探讨了不同布局方案所产生的空间效应，为优化公共产品的空间布局提供了科学依据，也从方法论角度进行公共产品空间布局量化研究的有益尝试。胡瑞山、董锁成等（2012）以江苏省东海县为例，采用两步移动搜索法，基于迪卡斯特拉算法计算出各村到医院（卫生院）的最短通行时间，进而分析各村医疗空间可达性情况，综合研判缺医地区的分布特点。

　　2. 教育服务可达性

　　Maxfield（1972）以帮助学校行政人员做出更好的学区规划为目的，基于学生与教师人数以及居民点与学校的距离研究学校可达性，并提出合理建议。Taylor & Causby（1999）以北卡罗来纳州为例，将教育系统的种类、土地利用作为重要的评价指标，寻找新校舍的最佳位置，综合规划学区与社区的空间关系。

　　叶雅惠、吴连赏（2002）通过分析影响高雄市中学学区发展的可达性因素与空间演变规律，提出对学区重划方面的建议。孔云峰、李小健等人（2008）以巩义市为研究区域，通过计算空间可达性值分析研究区域内初级中学学生上学的便捷程度，研究教育设施的空间分布特征。刘安生等人（2010）以常州市乡村地区教育设施为研究对象，采用可达性、最近距离和机会累积模型，对该地区郊野服务设施可达性程度进行量化测度。卢晓旭、陆玉麒等人（2010）以南京市高级中学为例，调整优化了基于可达性测算获得的时间数据，并分析了生源分布规律，确定了学校的现实生源区和理论生源区。

　　3. 养老服务可达性

　　目前公共服务设施空间布局方面关于城市绿地、教育资源、医疗设施及文化体育设施空间布局的研究成果颇丰，而对养老设施空间布局的关注仍比较缺乏。近几年才逐渐有学者将视线转移到城市养老设施空间布局问题的研究中。其中，塔娜（2013）从养老设施供需匹配的视角探讨了养老设施资源的区域布局合理性。夏元通(2013)采用因子分析法研究影响养老设施区域布局的主要因素,发现养老设施的布局受到土地成本的影响最大,其次还受到周围环境、与医院的距离、交通成本、与居民区的距离等因素的影响。陈子夏(2006)对澳门的社区养老设施空间分布进行分析,发现设施空间分布的差异与人口、历史、经济、空间发展、功能结构差异等因素有关,而且不同种类的养老服务设施空间分布特点不同。焦亚波(2009)利用Voronni多边形计算最邻近距离意义上的机构养老设施的服务域,得出上海市中心城区最短距离意义上各机构养老设施需要服务的老年人口数量远远大于郊区,提出在考虑新增机构养老设施分布时,应把中心城区作为新的养老床位的发展区域。陶卓霖等(2014)利用改进的两步移动搜寻法对北京市养老设施的空间可达性进行测算,发现北京市养老设施的可达性存在较大空间差异,在识别养老设施稀缺区域后,利用公平最大化模型对北京市的养老设施布局进行优化。林西雁(2016)以机构养老和社区居家养老两类养老设施为主要研究对象,探讨这两类养老设施的发展脉络和使用现状,借助GIS空间分析技术,对上海养老设施空间布局进行分析,探讨上海市养老设施空间布局的合理性及存在的问题。

从研究成果看,国内外学者关注可达性问题大多与医疗服务均等化、教育均等化有关,从理论和实践两方面将抽象的空间相互作用上升到具象的服务公平性研究,对养老服务均等化的研究较少。关于公共服务设施可达性的评价,除了考虑交通时间等空间因素以外,也开始考虑服务水平、数量、教育水平、收入水平等非空间影响因素。

5.2　空间可达性评估方法 ▷▷

5.2.1　空间可达性影响因素

空间可达性影响因素主要有以下几个方面(王法辉,2009)。

1. 距离

这里的距离主要指直线距离或路网距离。距离公共服务设施较近的区域可达性较好,距离远的可达性较差。其主要原因是不同居民到达同一公共服务设施,距离近的,耗费成本要小,可达性相对较好;距离远的,成本费用高,可达性差。

2. 时间

这里的时间主要指交通时间,其长短是衡量居民到达公共服务设施难易程度的直接表现。按常识判断,到达公共服务设施时间短的,可达性好;耗费时间长的,可达性差。但距离和时间不一定成正比关系,因路网的影响,距离远的可能比距离近的人所耗费时间短。

3. 费用

本书中费用对可达性的影响不包括公共服务消费的费用,仅考虑居民到达公共服务设施的费用。一般而言,距离公共服务设施越远,时间消耗越多,路网越复杂,所需费用就越高,进而影响居民对该公共服务设施的需求意愿。

4. 人口分布

都市郊野人口的空间分布与公共服务设施的选址、规模以及周围的交通路网、服务设施都有直接或间接的联系,从而影响到达公共服务设施所需耗费的时间和经济成本;而人口的年龄、性别构成以及游憩行为偏好,则直接决定了居民对公共服务设施需求的数量和类型。以上两方面都会影响公共服务设施可达性的好坏。

5. 道路交通

城市道路网根据使用任务、功能和适应的交通量可分为高速公路、一级公路、二级公路、三级公路、四级公路五个等级。城市道路交通网络状况对公共服务设施可达性的影响非常明显,主要体现在交通的便捷性、安全性越高,相对的交通距离就越短,因此可达性较好;道路拥堵状况越严重,产生的阻力越大,耗费各项成本就越多,因此可达性较差。

5.2.2　空间可达性评价方法

1. 距离分析法

距离分析法假设居民始终选择最近的公共服务设施,距离越近,可达性越好,它忽略了居民对设施规模等其他因素的考虑。最近距离法曾广泛应用于各类公共服务设施空间可达性评价中。然而,一方面随着交通路网和出行方式的改善,居民在选择设施的过程中对距离因素的考虑已经逐渐减少;另一方面随着设施数量的逐渐增加,使得居民(尤其城市地区)在可以承受的距离(时间)范围之内可以在多个设施之间做出选择,这都导致该方法应用领域不断缩小(宋正娜等,2010)。

距离分析法常用的方法包括缓冲区分析法和网络分析法两类。

(1)缓冲区分析法是基于地理信息系统软件平台的一种最简单、最常用的节点可达性分析方法,且可为给定研究对象划定一定范围的服务区,分析研究对象的服务能力。缓冲区分析的具体方法是:假设研究区是均质的平原,不存在任何高山和水域,不考虑交通方式的影响,人口分布也是均匀的,不存在地区差异,各个供给点都是开放式的,将到达其几何中心视为到达该服务设施,即可达性主要受空间直线距离影响,以不同服务阈值为半径,划定各个教育公共服务设施的服务区域。

(2)基于网络分析法的服务区分析是通过给定交通成本,产生离开服务点的所有方向的最远路径,将路径最远点连接起来,形成最大范围的外边界,为多边形的服务区。在同样的距离条件下,基于网络分析法的服务区范围比基于缓冲区分析法的邻近服务区要小(王法辉,2009)。

2. 两步移动搜索法

两步移动搜索法(two-step floating catchment area method,以下简称2SFCA)是由穆兰和她导师(Radke and Mu,2000)提出的度量可达性的GIS空间分析方法。2SFCA通过计算给定地区(通常是一个行政管辖单元,如市域或县域)内供给与需求的比例来度量可达性,其特点是考虑到了供给和需求两方面,分别以供给地和需求地为基础,移动搜索两次。因此,2SFCA克服了传统供需法、早期移动搜寻法的缺陷,考虑到内在区域的空间差异和人口分布问题,以更合理地评价公园服务的公平性。

本书主要采用交通时间表示服务半径,具体可达性阈值参考相关文献和网络统计数据。下文采用两步移动搜索法,分别以公共交通、自驾、骑行、步行等多种出行方式计算基本公共服务可达性,具体操作步骤如下。

（1）对每个公共服务设施均质点（供给点）j，搜索所有在 j 距离阈值（d_0）范围（即 j 的搜索区）以内的各行政村、居委会（k）的人口数量，计算出供需比 R_j：

$$R_j = \frac{S_j}{\sum_{k \in (d_{kj} \leqslant d_0)} D_k} \quad (5-1)$$

式中，d_{kj} 为需求点 k 和供给点 j 之间的距离；D_k 指阈值范围内居民（即 $d_{kj} \leqslant d_0$）的需求；S_j 为供给点 j 的总供给。

（2）对每个村的均质点（需求点）i 搜索所有在它阈值（d_0）范围（即 i 的搜索区）以内的公共服务设施均质点 j，将第一步得到的所有供需比 R_j 加在一起，即得到 i 点的可达性 A_i^F：

$$A_i^F = \sum_{j \in (d_{ij} \leqslant d_0)} R_j = \sum_{j \in (d_{ij} \leqslant d_0)} \left[\frac{S_j}{\sum_{k \in (d_{ij} \leqslant d_0)}} \right] \quad (5-2)$$

这里 d_{ij} 为需求点 i 和供给点 j 之间的距离，R_j 指 i 搜索区（$d_{ij} \leqslant d_0$）内的公共服务设施 j 的供需比。A_i^F 数值越大，可达性越好。

5.2.3 数据来源与空间数据库构建

1. 数据来源

所需数据的主要来源如下：① 青浦区村级行政区划数据（GIS数据），校正配准后主要用来提取青浦区各行政村的行政边界；② 青浦区 1 : 2 000 基础地理信息数据库要素，主要包括青浦区各级道路、河流等；③ 百度地图中位于青浦区的21个综合医院、社区卫生服务中心的空间位置及形状；④ 百度地图中位于青浦区的21个养老院的空间位置及形状；⑤ 百度地图中位于青浦区35个小学的空间位置及形状；⑥ 上海市第六次人口普查数据中青浦区各镇的常住人口统计信息等；⑦《2015年上海城市综合交通发展报告》[①]中的道路交通指数及上海市政网公布的上海市公路网交通量

---

① 上海市城乡建设和交通发展研究院.2015年上海市综合交通年度报告［J］.交通与运输，2015，31（6）：7-11.

分布、上海市公路网车速分布、上海市公路网交通拥堵度分布等评价数据；
⑧ 2015年上海交通大学开展的青浦区乡村调查中，各村的总人口、12岁以
下人口，60岁以上人口数据。

2. 空间数据库

1）行政质点

青浦区共有朱家角镇、赵巷镇、徐泾镇、华新镇、重固镇、白鹤镇、练塘
镇、金泽镇8个镇以及夏阳、盈浦、香花桥3个街道办事处。以村级行政区划
数据（GIS数据）为准，校正配准后提取青浦区各村行政边界，生成shape文
件"青浦区行政村（居委会）界限"，共计203个行政村（居委会）。在所生
成的shape文件属性表中添加面积属性，并赋予其各自的属性数据，然后运
用Feature to point 工具将青浦区行政村（居委会）的行政多边形区域的面文
件转换为质心点矢量文件。基于上海市第六次人口普查数据中青浦区各
村（居委）的常住人口统计信息，在ArcInfo软件平台的ArcMap中，给各行
政村（居委会）属性表添加人口属性，并对应输入其属性数据，一个行政
村（居委会）代表一个需求点。

图5-1　青浦区"镇—村"行政区划及质点

注：本图资料来源如本章5.2.3所述，使用ArcGIS软件绘制而成。

2）交通路网

青浦地处江、浙、沪二省一市的交界处，位于中国长江三角洲经济圈的中心地带，具有承东启西、东联西进的枢纽作用，以及对华东地区的辐射作用。区内有上海市郊第一条一级公路——318国道（上海—西藏拉萨），东西方向的A9沪青平高速公路、A8沪杭高速公路、A12沪宁高速公路以及连接上海虹桥机场与苏州的苏虹公路贯穿全境，南北方向的同三国道、外青松公路和嘉松公路，形成了纵横交错、道路密集的陆路交通体系，为加快青浦新一轮发展打下了良好的基础。除了发达的道路交通体系外，青浦区内的公共交通也十分便捷。区内现有直达区内各镇及跨越上海市多个区县的客运专线40余条，跨省公交线路15条。此外，为适应青浦城市化进程加快发展的需要，青浦城区内还开通了4条公交环线，环线站点遍布青浦城区各个角落。

青浦区交通路网数据从上海市1∶2 000基础地理信息数据库获取，根据使用任务、功能和适应的交通量，将青浦区交通道路分为高速公路、国道、一级公路、二级公路、三级公路、四级公路六个等级。使用ArcGIS10，将数字化的各级道路按各自的属性融合到一个图层，生成shape文件"青浦区交通道路网"，给道路网属性表添加速度与时间属性，并根据不同的交通方式对不同等级道路进行赋值。在geodatabase要素数据集中，以青浦区交通道路网为主体，建立具有网络路径拓扑关系的青浦区交通道路拓扑网络。

3）公共服务设施点

本研究选择的基本公共服务包括医疗服务设施、养老服务设施和教育服务设施三类，提取所选研究对象的界限，生成shape文件"青浦区医院界限""青浦区养老院界限""青浦区小学界限"；然后，通过GIS软件中的Feature to point工具将三类公共服务设施多边形区域的面文件转换为质心点矢量文件，作为"源"，也即供给点。不同的服务设施面对的服务人群也有所不同，服务半径也有一定的差异，具体的服务人口数据和服务阈值设定标准见下文的相关内容。

5.3　青浦区教育服务空间可达性 ▷▷

5.3.1　教育设施与服务人口空间分布特征

1. 教育设施分布与服务阈值设定

截至 2016 年底,青浦区现有公办教育单位 124 个,其中幼儿园 46 个,早教中心 1 个,小学 26 所,初中 15 所,九年一贯制学校 6 所,高中 6 所,特殊学校 2 所,中职校 2 所,青少年体育学校 1 所,成人教育院校 13 所,校外教育机构 2 个,其他教育单位 4 个;共有民办学校 12 所,其中义务教育学校 3 所,民办二级幼儿园 9 所;另有民办非学历培训机构 42 个,学前教育看护点 40 个。

本书选取所有公办教育单位以及民办学校中的中小学九年一贯制学校,共计 35 所,作为研究对象,其分布情况如图 5-2 所示。

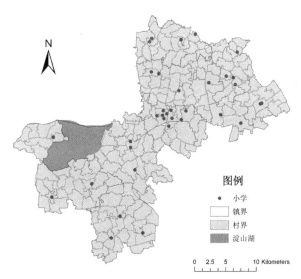

图例

　●　小学
　▢　镇界
　░　村界
　▨　淀山湖

0　2.5　5　　　10 Kilometers

图 5-2　青浦区小学空间位置分布图

注:本图资料来源如本章 5.2.3 所述,使用 ArcGIS 软件绘制而成。

青浦区的小学空间分布具有较强的特征性:一是公办小学明显聚集在城区夏阳街道和盈浦街道;二是其余小学分布在各个乡镇,每个镇有 2～3 所小学,且青西地区相对青东地区更为平均。本书将每所小学视为一个均质点,同时将每所小学的教师人数作为供给点的一个属性,在两步移动搜索法中通过测算教师人数与12岁以下人口的比例,来评估小学的服务能力(见表5-1)。

表5-1 青浦区各小学教师人数

名　　　称	教 师 人 数
赵屯小学	70
白鹤小学	131
赵屯中心小学	70
曙光民办小学	40
上海宋庆龄学校	82
佳信小学	127
重固小学	82
毓秀小学	98
沈巷小学	93
朱镇小学	80
凤溪小学	93
华新中心小学	92
叙中民办小学	46
小康学校	42
淀山湖小学	85
金泽小学	75
上海唯实希望小学	50
颜安小学	110
育才路第一小学	80
徐泾小学	130
朱家角小学	175
崧泽学校	221

（续表）

名　　　称	教 师 人 数
毓华学校	110
佳禾小学	94
庆华小学	77
实验小学	101
上海教科院豫英实验学校	194
大盈学校	96
东门小学	73
瀚文小学	87
逸夫小学	88
商榻小学	91
香花桥小学	66
博文学校	113
蒸淀小学	48

本书采用交通时间表示服务半径和阈值,因此需对现有交通道路网中的每一条道路赋值,交通时间应利用field calculator工具,用距离/速度求得。车行速度以2014年《公路工程技术标准》(JTG B01-2014)为依据,并结合上海市各级道路标准和实地考察情况,确定高速公路通行速度标准为80 km/h,国道和一级道路为70 km/h,高架和二级道路为60 km/h,三级道路为35 km/h、四级道路为20 km/h。

2. 教育服务人口空间分布

以小学为代表的教育服务设施所服务的人群为12岁以下的青少年。根据《青浦区农村发展现状调研报告》,采用村庄问卷调查获得典型村12岁以下人口的数据;对于未进行问卷调查的村庄,依据典型村12岁以下人口占总人口的比重、村庄总人口数以及第六次人口普查中相关镇人口年龄分布等数据,估算各村的小学适龄儿童数量。

首先,以12岁以下人口数为衡量指标,分析青浦区各行政村(居委会)适龄儿童人口空间分布特征,将青浦区各行政村(居委会)儿童人口数分为五个等级。如图5-3所示,12岁以下人口数量最多的区域在青浦城区,超过3 000人,其次是朱家角镇区和练塘镇区,都超过600人,其余大部分行政村(居委会)的12岁以下人口数都在1~300人之间,但并不因远离青浦城区而出现明显的逐步减少的规律。总体而言,青东地区各行政村(居委会)12岁以下人口数高于青西地区。

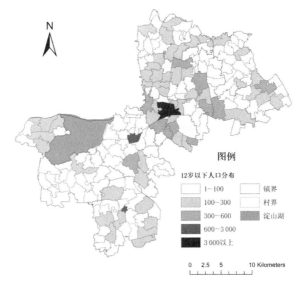

图5-3   青浦区12岁以下人口分布图
注:本图资料来源如本章5.2.3所述,使用ArcGIS软件绘制而成。

其次,以人口密度为衡量指标,计算各行政村(居委会)12岁以下的人口的密度,分析12岁以下人口的空间分布特征,将人口密度分为五个等级(见图5-4),等级越高,人口密度越高,计算如公式(5-3)所示:

$$D=p/s \qquad\qquad (5-3)$$

这里D指人口密度(人/公顷),p指各行政村(居委会)12岁以下居民的数量,s指各行政村(居委会)的面积(公顷)。

如图5-4所示,与人口分布图显示相似,人口密度最高的地区仍是青浦城区,即夏阳街道与盈浦街道区域,其次是练塘镇区和朱家角镇区,这几处的人口密度都超过了 1 000 人/公顷,人口分布非常密集。城区及镇区外围人口密度分布相较单纯的人口分布图显示出更明显的特征,即随着远离中心城区的方向逐渐降低,其中青西地区的人口密度分布更为平均,近 90% 的行政村人口密度低于 30 人/公顷,人口分布较为稀疏,而青东地区人口密度自城区开始逐渐降低,但也基本保持在 10～200 人/公顷的范围内。

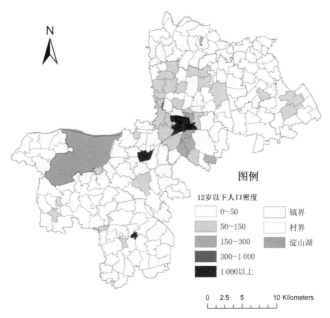

图 5-4　青浦区 12 岁以下人口密度图

注:本图资料来源如本章 5.2.3 所述,使用 ArcGIS 软件绘制而成。

5.3.2　基于距离分析的乡村教育服务空间可达性

1.缓冲区分析法:1 km、3 km、5 km

"十三五"期间,以上海、深圳为首的大都市都致力于打造"一千米公共服务圈",秉承"统筹、有序、持续推进党建引领基层社会治理"的理念,以 1 km 为半径,在街镇与村居之间的片区层面打造综合性服务平台,让社区居民就近享受公共服务。因此,本书确定以 1 km、3 km、5 km 为青浦区各小学的服务阈值,即以小学为圆心,以阈值为半径的圆形缓冲区域皆为该小学的服务范围,并以此分析小学服务阈值的空间特征。

　　如图5-5所示,当服务阈值取1 km时,35所小学的服务范围仅能到达所在村及周边村,大部分地区不在服务范围内;当服务阈值取3 km时,所有相邻的行政村都被包含在服务范围内,但各个服务区之间仍存在空缺区域;当服务阈值取5 km时,35所小学的服务范围基本已覆盖了整个青浦区,仅存在极少量行政村的边缘地带未被包含在内。

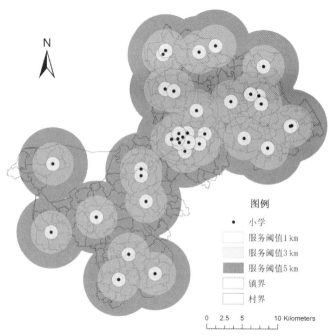

图5-5　青浦区小学服务区分布图(缓冲区法)
注:本图资料来源如本章5.2.3所述,使用ArcGIS软件绘制而成。

2. 网络分析法:3 km、5 km、7 km

运用网络分析法产生服务区的具体方法是:首先,基于已建立的空间信息数据库中的青浦区交通道路网,使用ArcCatalog工具创建网络数据集;其次,根据上海市"一千米公共服务圈"的要求,综合考虑交通路线的实际情况(1 km的交通距离覆盖范围较小),确定以3 km、5 km、7 km为各小学的服务阈值,即以青浦区小学为设施(facility),产生距离小学3 km、5 km、7 km的服务区范围;最后,选择Network Analyst中的New Service Area工具,输入参数后得出各小学的服务范围,并以此分析教育公共设施服务阈值的空间特征。

如图5-6所示,网络分析法下的青浦区小学服务区范围明显小于缓冲区分析法下的服务范围,并且在不同服务阈值下,网络分析法下的服务范围的差异也明显小于缓冲区分析法下的各级服务区的差异,但最终获得的总体情况相似。当服务阈值取3 km时,35所小学的服务范围仅能覆盖青浦区大部分区域,部分与小学所在村不相邻的行政村不在服务范围内;当服务阈值取5 km时,35所小学的服务范围相较3 km阈值时有所扩张,填补了部分服务空缺区域,但仍有少量区域未被包含在内;当服务阈值取7 km时,35所小学的服务范围已基本覆盖了青浦区,但青西地区部分村的边缘地带仍处于服务区域外。

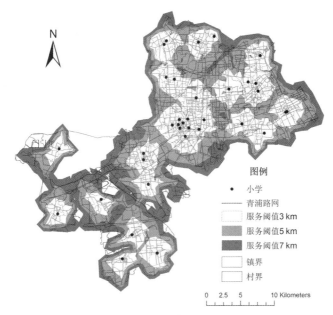

图5-6　青浦区小学服务区分布图(网络分析法)
注:本图资料来源如本章5.2.3所述,使用ArcGIS软件绘制而成。

5.3.3　基于两步移动搜寻法的乡村教育服务空间可达性

首先,运用网络分析法,以已创建的青浦区交通道路网络数据集为基础,通过Network Analyst中的查找最近设施New Closet Facility工具计算所需耗费的总交通时间,获取以各行政村(居委会)质点为需求点,以小学几何中心为供给点的最佳路线。

其次,基于2SFCA法计算对应阶段的阈值的教育公共服务设施可达性。依据可达性指数值,将青浦区行政村、居委会的居民能够获取小学公共教育服务的可达性分为五个等级,可达性指数越大,表示该区域教育公共服务的可达性越好。

受数据搜集渠道限制,本书辅以相关文献查询及服务区分析,选定机动车按各级道路设定速度行驶15分钟、30分钟、45分钟的时间总成本,作为青浦区小学教育公共服务可达性阈值范围的标准。

1. 自驾15分钟

以15分钟为服务阈值的青浦区小学教育公共服务可达性计算结果如图5-7所示。从可达性指数的总体分布来看,各行政村、居委会相对各小学的可达性程度很不均衡,并未呈现规律性分布,可达性指数同等级的区域较为集中,存在连片可达性相同的地块,但也存在一些相邻区块可达性差异大的现象,如朱家角镇的沈巷村,因沈巷小学的存在可达性指数较高,但与其相邻的薛间村、安庄村、先锋村的可达性指数为0,处于服务空缺区域。另外,并非所有小学所在村的可达性一定比没有小学的行政村高,由于两步移动搜索法考虑了多个供给点对需求点的综合可达性,因此一些同时处于多个小学服务区域的行政村(居委会)的可达性会高于单个小学所在的行政村(居委会)。

从数据结果来看,可达性指数的最小值为0,即有16个行政村(居委会)不可达;可达性指数的最大值为金泽镇三塘村的4.034 6,其次是香花桥街道金星村的4.029 6;总体平均数为1.710 0,中位数为1.804,中间值为2.017 3,标准差为0.938 5。从数值可见,最大值超出最小值多倍,说明可达性指数跨度较大,平均数与中位数相差不大,标准差小于1,可达性指数分布较为平均,但仅有81个行政村(居委会)的可达性指数(包括最大值)达到中间值,不足行政村(居委会)总数(203)的40%,表明青浦区小学教育公共服务空间分布公平性不足。

从各行政村(居委会)的小学可达性空间分布来看,可达性指数处于[0.000 0,0.619 5]的区域,其可达性最差,共有27个行政村(居委会),主要分布在朱家角镇与金泽镇、练塘镇交界的区域,以及朱家角镇与盈浦街道

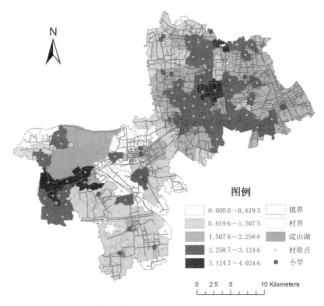

图5-7　基于自驾方式的青浦区小学空间可达性(15分钟)
注：本图资料来源如本章5.2.3所述，使用ArcGIS软件绘制而成。

交界的区域，占行政村(居委会)总数的13.30%；可达性指数处于[0.619 6，1.507 5]的区域，其可达性较差，共有61个行政村(居委会)，主要分布在练塘镇、金泽镇东南角，朱家角镇与夏阳街道、盈浦街道的交界处，少部分位于白鹤镇西部，占行政村(居委会)总数的30.05%；可达性较好和可达性好的行政村(居委会)共有107个，其可达性指数处于[1.507 6，3.124 6]，是占比最高的部分，主要分布在青东地区，几乎包含了整个香花桥街道、赵巷镇、华新镇、重固镇、徐泾镇，还有少部分位于金泽镇南部和商榻社区，合占行政村(居委会)总数的52.71%；可达性指数处于[3.124 7，4.034 6]的区域，其可达性最好，占比也最低，仅有8个行政村(居委会)，主要分布在金泽镇北靠淀山湖的几个村，以及香花桥街道与重固镇交界处，占行政村(居委会)总数的3.94%。

2. 自驾30分钟

以30分钟为服务阈值的青浦区小学教育公共服务可达性计算结果如图5-8所示。从可达性指数的总体分布来看，相较于15分钟服务阈值的可达性分布而言，30分钟服务阈值的可达性分布更为均衡，且呈现出由青浦城区向远郊逐渐降低的趋势，青东地区的可达性指数普遍高于青西地区，可达性指数同等级的区域较为集中,存在大片可达性指数区间相同的地块,但也存在特殊区块,如朱家角镇的果园村和横江村与相邻区域差别较大,原因可能在于交通便利程度不足或适龄儿童的人数较少等。

　　从数据结果来看,可达性指数最小值为0.154 3,也即所有行政村(居委会)皆可达,其次是练塘镇浦南村的0.380 6;最大值为朱家角镇区、盈浦街道、夏阳街道等区域的2.198 1;总体平均数为1.659 5,中位数为1.823 1,中间值为1.099 1,标准差为0.490 7。从数值可见,最大值超出最小值十余倍,说明可达性指数跨度较大,平均数与中位数相差不大,标准差小于0.5,可达性指数分布较为平均,且有172个行政村(居委会)的可达性指数(包括最大值)达到中间值,超过行政村(居委会)总数的80%,表明青浦区小学教育公共服务空间分布较为均衡。

　　从各行政村(居委会)的小学可达性空间分布来看,可达性最差和较差的行政村(居委会)共有22个,其可达性指数处于[0.000 0,0.907 5],主要分布在金泽镇商榻区域、练塘镇南部边界,占行政村(居委会)总数的10.84%;可达性指数处于[0.907 6,1.532 0]的区域,其可达性较好,共有42个行政村(居

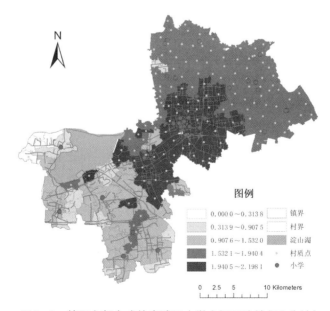

图5-8　基于自驾方式的青浦区小学空间可达性(30分钟)
注:本图资料来源如本章5.2.3所述,使用ArcGIS软件绘制而成。

委会),主要分布在青西三镇,涵盖了练塘镇80%以上的区域及金泽镇南部,占行政村(居委会)总数的20.69%;可达性指数处于[1.532 1,1.940 4]的行政村(居委会)共有91个,既是占比最高的部分,也是可达性好的区域,主要分布在青东地区,几乎包含了整个香花桥街道、白鹤镇、重固镇、华新镇、赵巷镇、徐泾镇,还有少部分位于朱家角镇与盈浦街道交界处,占行政村(居委会)总数的44.83%;可达性指数处于[1.940 5,2.198 1]的区域,其可达性最好,包括48个行政村(居委会),主要分布在夏阳街道、盈浦街道、香花桥街道,以及与青浦城区较近的朱家角镇、赵巷镇的边界处,占行政村(居委会)总数的23.65%。

3. 自驾45分钟

以45分钟为服务阈值的青浦区小学教育公共服务可达性计算结果如图5-9所示。从可达性指数的总体分布来看,除个别行政村(居委会)外,大部分区域相对各小学的可达性程度较为均衡,由城区向远郊递减的规律性趋势减弱,原因是90%以上的区域可达性已趋于统一,形成大片可达性相同的地块,少量服务相对薄弱的区域和边缘地块的可达性程度较低。

从数据结果来看,可达性指数最小值为1.078 9,也即所有行政村(居委会)都可达,其次是金泽镇新巷村和练塘镇泖甸村的1.377 7;最大值为朱家角镇区、盈浦街道、夏阳街道等区域的1.965 2;总体平均数为1.928 6;标准差为0.141 6。从数值可见,最大值仅超出最小值不足一倍,说明可达性指数跨度很小,平均数与最大值相差不大,标准差接近于0,可达性指数分布非常平均且趋近最大值,表明在此服务阈值范围下,青浦区小学教育公共服务空间分布区域均等化且可达性水平较高。

从各行政村(居委会)的小学可达性空间分布来看,可达性指数处于[0.000 0,1.078 9]的区域,其可达性较差,共有4个行政村(居委会),分别是金泽镇北部边界处的南新村、沙港村、双祥村、王港村,占行政村(居委会)总数的1.97%;可达性好和可达性较好的区域,其可达性指数处于[1.079 0,1.910 7],共有26个行政村(居委会),主要分布在青浦区南北两侧边界处,占行政村(居委会)总数的12.81%;可达性最佳的行政村(居委会)共有173个,可达性指数为1.965 2,是占比最高的部分,遍布整个青浦城区、青东地区和青西三镇中部,占行政村(居委会)总数的85.22%。

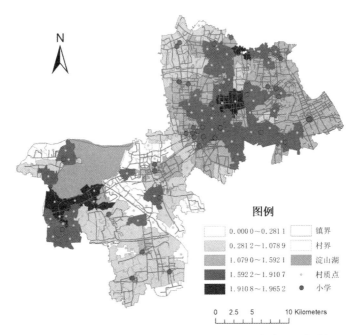

图5-9　基于自驾方式的青浦区小学空间可达性（45分钟）

注：本图资料来源如本章5.2.3所述，使用ArcGIS软件绘制而成。

5.3.4　青浦区教育服务空间可达性特征

上文通过对不同的交通方式、不同的阈值范围进行可达性分析，经研究比较可获得一些初步结论。

1. 城乡可达性存在一定的差异

从可达性指数空间分布来看，教育服务可达性在城乡之间存在一定差异。其中，3个街道的教育可达性均值为2.1511，而8个镇的可达性均值则为1.6940。各街道、乡镇的可达性均值普遍高于农村的可达性均值，且部分区域小范围内显示出以镇区为中心向外可达性逐步递减的趋势。其主要原因可能在于城镇与乡村的交通条件、基本公共服务及常住人口的差异，交通条件越为便捷的区域，可达性越高；大部分小学就在城区、镇区，所以城镇教育服务可达性指数较高；但由于城镇人口较多，小学所需服务的人口也较多，因此，自驾方式在城镇和农村的可达性差异还未形成巨大落差，相信可以通过合理增加公共教育服务设施等方式，达到均衡青浦区教育服务可达性的目的。

2. 青东、青西存在区域差异

除城乡差异外,分析显示青东与青西区域的教育服务可达性也存在一定的差异。青东地区的教育服务可达性普遍高于青西地区,除城区外,可达性最好的村庄也大多处于青东地区;可达性指数达到总体均值和中位数的村庄也在青东地区占比较高。造成这种差异原因有很多,最基本的一点是青东的小学数量多于青西地区,且分布较为合理。青西地区以农业为主,虽资源丰富,但交通条件、公共服务设施分布、经济发展水平都与青东地区存在一定的差异,这些非空间因素也在一定程度上影响了青西地区的教育可达性水平。

需要说明的是,根据课题组对青浦区教育出行方式的调查,同时存在步行、骑行、公交和自驾这四种不同方式,用每种方式计算可达性的参数均不相同,初步研究结果也呈现一定差异。本章只展现了自驾方式下青浦区教育可达性的空间分布,结果虽然存在一定误差,但它反映的基本区域差异特征与其他方式的初步结果较为一致,具有一定的参考价值。

5.4　青浦区医疗服务空间可达性 ▷▷

5.4.1　医疗设施与服务人口空间分布特征

1. 医疗设施分布

目前青浦区大型医院主要有朱家角人民医院、京汇医院、青浦区中医医院、上海仁博医院、赵港镇卫生院等,以及10个卫生服务中心,共计21家医院,医生人数达2 783人,具体情况如表5-2所示。

表5-2　青浦区医院及医生人数

序　号	医　院　名　称	医生人数
1	白鹤镇社区卫生服务中心	135
2	白鹤镇社区卫生服务中心赵屯卫生服务分中心	50
3	赵港镇卫生院	100

(续表)

序　号	医　院　名　称	医生人数
4	重固镇社区卫生中心	55
5	朱家角人民医院	254
6	朱家角社区卫生服务中心	102
7	华新镇社区卫生服务中心	139
8	金泽社区卫生中心	94
9	金泽镇西岑社区卫生服务中心	50
10	练塘镇社区卫生中心	116
11	练塘社区卫生服务中心小蒸卫生服务分中心	50
12	练塘社区卫生服务中心蒸淀卫生服务分中心	50
13	徐泾镇社区卫生中心	97
14	京汇医院	100
15	复旦大学附属中山医院青浦分院	298
16	青浦区中医医院	413
17	上海仁博医院	150
18	盈浦街道社区卫生服务中心	214
19	青浦区万寿医院	160
20	香花桥街道社区卫生服务中心	96
21	商榻社区卫生服务中心	60
总计		2 783

整体上看,青浦区医院分布较为均衡,青东地区的医院数量为8个,青西地区的医院数量为13个。

2. 服务阈值确定

以自驾汽车作为居民就医看病的主要出行方式。按照20分钟、40分钟和60分钟的时间总成本,作为医院空间可达性阈值范围的标准。

3. 医疗服务人口空间分布

首先,以人口总数为衡量指标,分析各评价单元的人口空间分布特征,分为五个等级(见图5-10)。青浦区共有8个镇、3个街道,共计203个评价单元,常住人口总计1 010 651人,从表5-3和图5-10可看出,各个评价单元的人口数集中在1 000人至10 000人之间,而人数低于1 000人的仅有16个评价单元,人数高于10 000人的有14个评价单元。

表5-3 青浦区人口分布区间表

人 数 分 布	评价单元数量
1～1 000	16
1 001～2 000	61
2 001～5 000	71
5 001～10 000	41
10 000以上	14
总 计	203

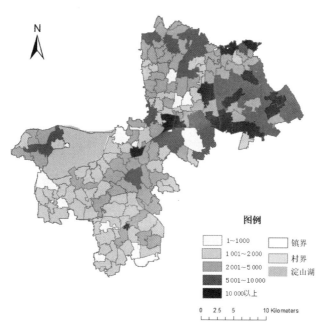

图5-10 青浦区人口空间分布图

注:本图资料来源如本章5.2.3所述,使用ArcGIS软件绘制而成。

空间分布上,青东的人口明显高于青西总人口,人口分布跟经济发展基本呈现正相关关系,即经济发达地区人口多于经济发展落后地区。

其次,以人口密度为衡量指标,计算各评价单元的人口密度,分析常住人口的空间分布特征,将人口密度分为五个等级(见图5-11),等级越高,人口密度越高。

表5-4　青浦区人口密度分布区间表

单位:人/km²

人口密度分布区间	评价单元数量
1～500	45
501～1 000	52
1 001～2 000	50
2 001～3 800	36
3 800以上	20
总　计	203

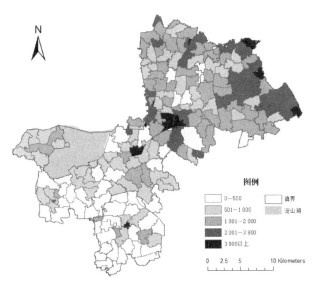

图5-11　青浦区人口密度分布图

注:本图资料来源如本章5.2.3所述,使用ArcGIS软件绘制而成。

5.4.2 基于距离分析的乡村医疗服务空间可达性

1. 基于缓冲区分析法分析服务区范围

根据青浦区公路网车速分布评价及城市规划领域8位知名专家的意见，确定以1 km、3 km、5 km为各医疗设施的服务阈值，表示以医疗设施为圆心，以阈值为半径的圆形缓冲区域皆为该医疗设施的服务范围，并以此分析医疗设施服务阈值的空间特征。如图5-12所示，当服务阈值取1 km时，21家医院的服务范围仅能覆盖青浦区小部分区域，大多数乡镇不在服务范围内；当服务阈值取3 km时，这些医疗设施的服务范围能覆盖青浦区一大半的村庄；当服务阈值取5 km时，这些医疗设施的服务范围基本覆盖了青浦区所有区域。

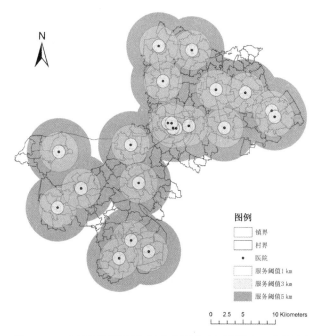

图5-12 青浦区医院服务阈值空间分布图(缓冲区分析法)
注：本图资料来源如本章5.2.3所述，使用ArcGIS软件绘制而成。

2. 基于网络分析法分析服务区范围

运用网络分析法产生服务区的具体方法是：首先，基于已建立的空间信息数据库中的青浦区道路网，使用ArcCatalog工具创建网络数据集；

其次,根据青浦区公路网车速分布评价及城市规划领域8位知名专家的意见,确定以3 km、5 km、7 km为各医疗设施的服务阈值,表示以医院为设施(facility),产生距离医院3 km、5 km、7 km的服务区范围;最后,选择Network Analyst中的New Service Area工具,输入参数后得出各医院的服务范围,并以此分析医院服务阈值的空间特征。

网络分析法下的青浦区医院服务区范围明显小于缓冲区分析法下的服务范围。当服务阈值取3 km时,21家医院的服务范围仅能覆盖青浦区小部分区域;当服务阈值取5 km时,21家医院的服务范围能基本覆盖大半个青浦区,但仍有少量边缘地带及青南部分区域未被包含在内;当服务阈值取7 km时,21家医院的服务范围已基本覆盖了青浦区所有区域。

5.4.3　基于两步移动搜寻法的乡村医疗服务空间可达性

1. 自驾方式,阈值20分钟

以自驾作为居民就医看病的主要出行方式,以20分钟为服务阈值的医院可达性计算结果如图5-13所示。从可达性指数的总体分布来看,各街道、镇相对医院的可达性程度很不均衡,可达性指数同等级的区域较为集

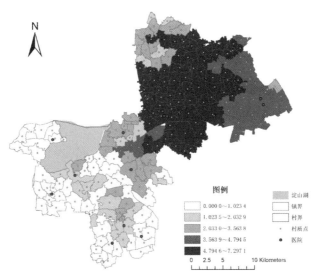

图5-13　青浦区医院空间可达性(自驾,20分钟)

注:本图资料来源如本章5.2.3所述,使用ArcGIS软件绘制而成。

中,存在大片可达性相同的地块。青东可达性指数比较高,主要是因为医院分布较多。从数值可见,全区可达性指数为0的有12个村庄,即完全不可达。除完全不可达的村庄之外,全区可达性指数的最小值为0.385 4,可达性指数的最大值为7.297 1,最大值超出最小值18倍,可达性指数的巨大跨度,说明医院空间分布公平性较差。

具体来看,可达性指数处于[0.000 0,1.023 4]的区域,其可达性最差,共有51个村庄,这部分约占行政村(居委会)总数的四分之一,主要分布在练塘镇、朱家角镇和金泽镇大部分村庄等;可达性指数处于[1.023 5,2.032 9]的区域,其可达性较差,共有20个村庄,主要分布在练塘镇、朱家角镇和金泽镇等,约占村庄总数的10%;可达性较好和可达性好的村庄共有56个,可达性指数处于[2.033 0,4.794 5],主要分布在华新镇、白鹤镇等,约合占村庄总数的四分之一;可达性指数处于[4.794 5,7.297 1]的区域,其可达性最好,共有76个村庄,主要分布在青西,包括香花桥街道、赵巷镇、重固镇、夏阳街道,占村庄总数的37.44%。

2. 自驾方式,阈值40分钟

以40分钟为服务阈值的医院可达性计算结果如图5-14所示。从可达性指数的总体分布来看,各评价单元相对医院的可达性程度较为均衡,大部分村庄可达性较好,只有小部分边缘村庄可达性较差。全区仍有3个村庄可达性指数为0,即完全不可达。除完全不可达的村庄之外,全区最小的可达性指数为0.795 2,可达性指数的最大值为2.788 2,最大值超出最小值2.5倍,反映出可达性指数跨度变小,表明以40分钟为服务阈值的医院可达性分布比较公平。

可达性指数处于[0.000 0,0.795 2]的区域,其可达性最差,共有4个村庄,主要是金泽镇的沙港村、双祥村、王港村和南新村;可达性指数处于[0.795 3,1.750 7]的区域,其可达性较差,共有7个村庄,主要分布在金泽镇和练塘镇等,约占村庄总数的3.45%;可达性较好和可达性好的村庄共有31个,可达性指数处于[1.750 8,2.633 1],主要分布在华新镇、白鹤镇、金泽镇等,约合占村庄总数的15.27%;可达性指数处于[2.633 2,2.788 2]的区域,其可达性最好,共有161个村庄,约占村庄总数的79.31%,分布在青西和青东大部分地区(除了乡镇边缘区)。

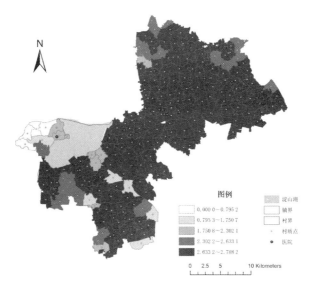

图5-14 青浦区医院空间可达性(自驾,40分钟)

注:本图资料来源如本章5.2.3所述,使用ArcGIS软件绘制而成。

3. 自驾方式,阈值60分钟

以60分钟为服务阈值的医院可达性计算结果如图5-15所示。从可达性指数的总体分布来看,整个区医疗可达性程度已达到均衡,全部村庄均可

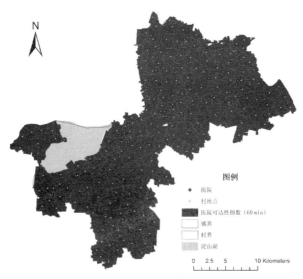

图5-15 青浦区医院空间可达性(自驾,60分钟)

注:本图资料来源如本章5.2.3所述,使用ArcGIS软件绘制而成。

达,可达性指数平均值为2.704 1,此时,青浦区医院空间分布非常公平。

5.4.4 青浦区医疗服务空间可达性特征

本书基于两步移动搜寻法评价乡村医疗服务空间可达性,主要以自驾作为居民就医看病的主要出行方式。评价结果有助于明确未来青浦区医疗服务空间治理的方向。青浦区医疗服务空间评价结果如下所示:

一是乡村医疗服务可达性与医疗服务机构个数、村庄常住人口数、出行方式、服务阈值的大小关系密切。自驾出行,当服务阈值为20分钟、40分钟和60分钟时,医疗服务可达性好的村庄占比分别为:63%、95%和100%。

二是乡村医疗服务可达性差异比较大,总体上经济发展水平较好的青东明显好于青西,原因在于青东的医疗服务机构多且道路交通更加便利。

三是建议增加乡村医疗服务机构和公交站点。在乡村振兴背景下,充分贯彻公交优先战略,因青浦区乡村医疗服务空间可达性较差,可增加乡村医疗服务机构和公交站点,提高乡村医疗服务的可达性。

5.5 青浦区养老服务空间可达性 ▷▷

5.5.1 养老设施与服务人口空间分布特征

1. 养老设施分布与服务阈值设定

目前青浦区大型养老院主要有朱家角镇敬老院、上海亚莱菲康颐院、上海盈康养老院、上海新开元颐养院等,共计21家养老院,床位数达4 157个,具体情况见表5-5。

表5-5 青浦区养老院汇总表

序 号	养老院名称	床位数(个)
1	白鹤镇敬老院	75
2	赵巷镇敬老院	90
3	重固镇敬老院	56

（续表）

序　号	养老院名称	床位数（个）
4	侨之星养老院	70
5	朱家角镇敬老院	180
6	华新镇敬老院	146
7	金泽镇敬老院	132
8	练塘镇敬老院	84
9	练塘镇蒸淀敬老院	62
10	徐泾镇敬老院	100
11	上海盈康养老院	335
12	塔湾新天地颐养院	218
13	上海亚莱菲康颐院	500
14	上海中福会养老院	362
15	安馨第二敬老院	188
16	上海健乐颐养院	160
17	上海新开元颐养院	302
18	夏阳街道养老院	124
19	香花桥街道敬老院	122
20	香花苑敬老院	181
21	徐汇区馨怡养老院	670
总　计		4 157

　　从养老院的整体分布上看，青东区域相对较为密集，而青西区域分布较少，仅有5个。青浦区养老院空间分布如图5-16所示。

　　若采用交通时间表示服务半径，以自驾作为老年人去养老院的主要出行方式，分别按照自驾20分钟、40分钟和60分钟的时间总成本，作为养老院空间可达性阈值范围的标准。

　　首先，运用网络分析法，以已创建的道路网络数据集为基础，通过

图 5-16　青浦区养老院空间分布图

注：本图资料来源如本章 5.2.3 所述，使用 ArcGIS 软件绘制而成。

Network Analyst 中的查找最近设施 New Closet Facility 工具计算所需耗费的总交通时间，获取以各街道（镇）质点为需求点，以各个养老院几何中心为供给点的最佳路线。

其次，基于 2SFCA 法计算设定阈值范围内的空间可达性。依据可达性指数值，将青浦区 60 岁以上老人能够到达养老院的可达性分为五个等级，可达性指数越大，表示该区域的老人到养老院的可达性越好。

2. 60 岁以上人口空间分布

以 60 岁以上人口数为衡量指标，分析青浦区老年人口的空间分布特征，将各单元的老年人口数分为五个等级（见图 5-17）。从图 5-17 可看出，各个评价单元 60 岁以上老年人口数集中在 3 000 人至 10 000 人之间，低于 300 人的有 16 个村庄，高于 2 000 人的有 13 个村庄。青浦新城及周边的老年人口高于其他区域。

计算各评价单元的人口密度，分析 60 岁以上老年人口的空间分布特征，将人口密度分为五个等级，等级越高，人口密度越高，结果如图 5-18 所示。大部分村庄（居委）的老年人口密度在 101～500 人/平方千米的等级之内，仅有青浦新城的 6 个居委和其他 2 个村老年人口密度在 1 001 人/平方千米以上。

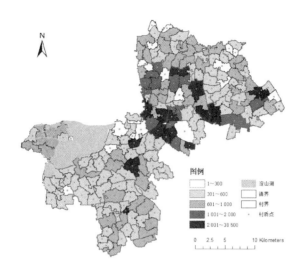

图5-17　青浦区60岁以上人口空间分布图
注：本图资料来源如本章5.2.3所述，使用ArcGIS软件绘制而成。

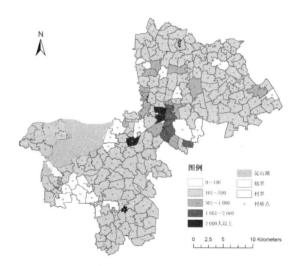

图5-18　青浦区60岁以上人口密度分布图
注：本图资料来源如本章5.2.3所述，使用ArcGIS软件绘制而成。

5.5.2　基于距离分析的乡村养老服务空间可达性

1. 缓冲区分析法

根据上海市公路网车速分布评价及城市规划领域8位知名专家的意见，确定以1 km、3 km、5 km为各养老院的服务阈值，表示以养老院为圆心，以阈值为半径的圆形缓冲区域皆为该养老院的服务范围,并以此分析养老院服务阈值的空间特征。如图5-19所示,当服务阈值取1 km时,21家养老院的服务范围仅能覆盖青浦区很小一部分区域,大多数乡镇不在以上养老院的服务范围内;当服务阈值取3 km时,养老院的服务范围能覆盖青浦区一大半的村庄;当服务阈值取5 km时,养老院的服务范围除了练塘镇的西部以及朱家角镇的小部分区域不能覆盖之外,青浦区其他区域基本都覆盖了。

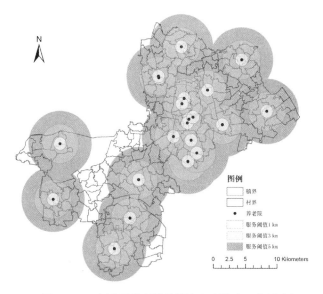

图5-19　青浦区养老设施服务区(缓冲区分析法)
注:本图资料来源如本章5.2.3所述,使用ArcGIS软件绘制而成。

2. 网络分析法

运用网络分析法产生服务区的具体方法是:首先,基于已建立的空间信息数据库中的青浦区道路网,使用ArcCatalog工具创建网络数据集;其次,根据青浦区公路网车速分布评价及城市规划领域8位知名专家的意见,确定以3 km、5 km、7 km、10 km为各养老院的服务阈值,表示以养老院为设施(facility),产生距离养老院3 km、5 km、7 km、10 km的服务区范围;最后,选择Network Analyst中的New Service Area工具,输入参数后得出各养老院的服务范围,并以此分析养老院的服务阈值空间特征。

网络分析法下的青浦区养老院服务区范围明显小于缓冲区分析法下的服务范围。当服务阈值取 3 km 时,21 家养老院的服务范围能覆盖青浦区小部分区域;当服务阈值取 5 km 时,21 家养老院的服务范围仍只能覆盖青浦区小部分区域;当服务阈值取 7 km 时,21 家养老院的服务范围基本能覆盖青浦区大部分区域,但仍有部分边缘地带未被包含在内;当服务阈值取 10 km 时,21 家养老院的服务范围已基本覆盖了青浦区所有区域。

5.5.3　基于两步移动搜寻法的乡村养老服务空间可达性

1. 自驾方式,阈值 20 分钟

以自驾作为居民去养老院的主要出行方式,以 20 分钟为服务阈值的养老院可达性计算结果如图 5-20 所示。从可达性指数的总体分布来看,各街道、镇相对医院的可达性程度很不均衡。青东可达性指数比较高。从数值可见,可达性指数为 0 的有 6 个村庄,即完全不可达。除完全不可达的村庄之外,全区最小的可达性指数为 0.590 2,可达性指数的最大值为 35.943 7,最大值超出最小值近 60 倍,说明可达性指数跨度极大,表明青浦区养老院空间可达性很不公平。

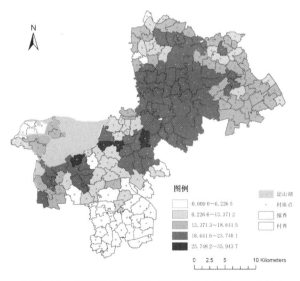

图 5-20　青浦区养老院空间可达性(自驾,20 分钟)
注:本图资料来源如本章 5.2.3 所述,使用 ArcGIS 软件绘制而成。

可达性指数处于[0.000 0,6.226 5]的区域,其可达性最差,共有34个村庄,约占村庄总数的16.75%,主要分布在练塘镇、朱家角镇和金泽镇边缘村庄等;可达性指数处于[6.226 6,13.371 2]的区域,其可达性较差,共有35个村庄,主要分布在朱家角镇和华新镇小部分村庄等,约占村庄总数的17.24%;可达性较好和可达性好的村庄共有130个,可达性指数处于[13.371 3,23.748 1],主要分布在香花桥街道、赵巷镇、重固镇、夏阳街道等,约合占村庄总数的64.04%;可达性指数处于[23.748 1,35.943 7]的区域,其可达性最好,共有4个村庄,主要是万隆村、三塘村、山湾村、沙家埭村,约占村庄总数的1.97%。

2. 自驾方式,阈值40分钟

以40分钟为服务阈值的养老院可达性计算结果如图5-21所示。仍有3个村庄的可达性指数为0,即完全不可达。除完全不可达的村庄之外,全区最小的可达性指数为3.283 8,可达性指数的最大值为18.720 2,最大值超出最小值4倍多。这反映可达性指数跨度显著变小,说明青浦区养老院空间可达性相对公平。

可达性指数处于[0.000 0,3.283 8]的区域,其可达性最差,共有4个村

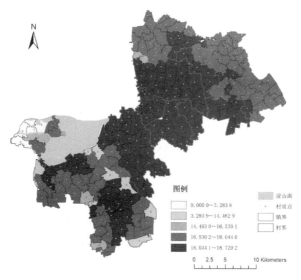

图5-21　青浦区养老院空间可达性(自驾,40分钟)
注: 本图资料来源如本章5.2.3所述,使用ArcGIS软件绘制而成。

庄,分别位于沙港村、双祥村、王港村、南新村;可达性指数处于[3.283 9, 14.462 9]的区域,其可达性较差,共有8个村庄,主要分布在华新镇2个村庄, 其余6个村庄位于练塘镇和金泽镇;可达性较好和可达性好的村庄共有85 个,可达性指数处于[14.463 0,18.044 0],主要分布在白鹤镇、华新镇、徐泾镇 以及练塘镇和金泽镇部分村庄,约合占村庄总数的41.87%;可达性指数处于 [18.044 1,18.720 2]的区域,其可达性最好,共有106个村庄,主要分布在香 花桥街道、盈浦街道、夏阳街道、赵巷镇、朱家角镇和练塘镇中的部分村庄。

3. 自驾方式,阈值60分钟

以60分钟为服务阈值的养老院可达性计算结果如图5-22所示。从可 达性指数的总体分布来看,各街道、镇相对养老院的可达性程度非常均衡, 全部村庄均可达,可达性指数为18.397 7,说明青浦区医院空间可达性非常 公平。

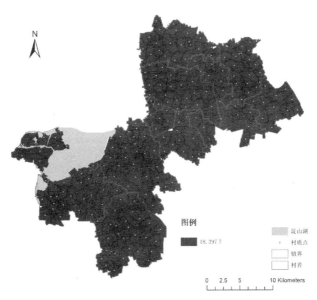

图5-22　青浦区养老院空间可达性(自驾,60分钟)
注:本图资料来源如本章5.2.3所述,使用ArcGIS软件绘制而成。

5.5.4　青浦区养老服务空间治理方向

本书基于两步移动搜寻法评价乡村养老服务的空间可达性。以自驾作为居民去养老院的主要出行方式。青浦区养老服务空间治理的评价分析结果及未来养老服务空间治理的方向如下所示：

一是乡村养老服务可达性与养老服务机构个数、60 岁以上常住人口数、出行方式、服务阈值的大小关系密切。

二是乡村养老服务可达性差异比较大，总体上经济发展水平较好的青东明显好于青西，原因在于青东的养老服务机构数量多且公交站点较多。

三是不同阈值下养老服务可达性差异较大。本书定义养老服务可达性好的主要类型包括可达性较好、可达性好和可达性最好三种类型。自驾出行，当服务阈值为 20 分钟、40 分钟和 60 分钟时，养老服务可达性好的村庄占比分别为：65%、93% 和 100%。

四是建议保障养老服务在 40 分钟阈值内，可覆盖 80% 的村庄；另外，可适当增加乡村养老服务机构数量和公交站点数。

5.6　公共服务空间治理与乡村空间更新 ▶▷

按照传统的公共服务空间治理的一般思路，通过空间评估的方法识别出可达性低的主要区域后，采取布局新的公共服务设施供给点、提高交通路网的通达性以及增加原有公共服务设施的供给能力等方式，提高这些区域公共服务设施的可达性水平，从而促进区域内公共服务的均等化。然而，这种传统的公共服务空间治理思路的假设前提是在相对稳定的城市化水平下，针对可以忽略不计的人口变化而提出的。但是，大都市郊野却具有完全不同的人口流动特征与中国特色的政策环境。截至 2015 年末，上海行政村数量为 1 585 个，自然村数量达到 3.4 万个，其中 30 户以下的零星分布的自然村占到 77.56%。乡村人口老龄化严重，乡村吸引力逐年减弱；农村户籍人口由 2006 年的 194.78 万人下降至 2013 年的 142.76 万人；包括外来人口在内的农村常住人口也呈现年均 4% 的下降水平。零星分散的农村居民点布局和日益减少的乡村人口导致新增乡村基本公共服务设施，不仅难以达到最低服务人口的门槛，且新增服务成本也将居高不下。

本书第 3 章提出了乡村空间更新的方向，即以行政村为单元，按照发展村、保护村、保留村和撤并村的思路重构乡村空间格局,这种分类受到原行政村教育、医疗、交通等公共服务水平的影响。同时,通过乡村空间更新,使原来分散的农村居民逐步实现相对集中居住,既可提高土地资源集约利用程度,又可以降低水电气、交通通信、文化、教育、卫生、体育等乡村公共服务的供给成本,提高公共服务水平。因此,要统筹考虑都市郊野公共服务空间治理与乡村空间更新。

如果按照都市郊野公共服务空间治理与乡村空间更新统筹考虑的思路,那么提高公共服务可达性的空间治理策略将与传统空间治理策略有很大差别。那些基本公共服务可达性较差的村庄将列入撤并村,不建议采取任何提高这些村庄的公共服务可达性的措施;而那些公共服务可达性最好的村庄,作为未来人口集聚的中心村,反倒应当进一步提高它们的公共服务供给能力。

第 *6* 章
郊野公园型生态空间治理

　　长期以来,只有城市化和工业化带动经济发展,才能实现区域发展,这也似乎成为公认的不可逾越的发展路径。在这种认知之下,改革开放以来,东南沿海地区乡镇企业遍地开花,在促进乡村经济发展的同时,也产生了一系列的资源浪费、生态污染问题。在经过快速的城市化发展之后,部分大都市进入了城市化后期,高密度的人口和拥挤的城市生活环境刺激了居民的自然休闲需求,而不断提高的经济收入水平又提供了经济保障,居民对大都市郊野区域提出了新的期待,接触自然的生态空间、寄托乡愁的文化空间成为大都市郊野区域的新标签。郊野公园就是在这一背景下应运而生的。

　　本章系统梳理了郊野公园的起源与功能发展,定义了中国郊野公园不同于世界其他地区郊野公园的独特性。以两个典型案例为代表,分析了郊野公园型生态空间治理的模式。从郊野公园的需要对象出发,调查分析了原住村民和城市居民两类不同主体对郊野公园的认知特征。最后结合调查资料,评估了郊野公园的实施效果并提出治理建议。

6.1　郊野公园的由来与功能 ▷▷

6.1.1　郊野公园由来

　　1929年,出于保护自然环境与资源的需要,英国提出设立国家公园与郊野公园两种不同类型的公园的设想。1966年,英国政府发布《郊野休闲指引》(Leisure in the Countryside)白皮书,提出建立郊野公园和野餐场地,开启了英国郊野公园的发展序幕(Lambert,2006)。随后《英国乡村法》(Countryside Act)中,将郊野公园定义为"位于城市郊区、有良好的自然景观、郊野植被及田园风貌,并以休闲娱乐为目的公园"。1976年的《香港郊野公园条例》中也明确提出,郊野公园一般指远离市中心区的郊野山林绿化地带,开辟公园的目的是为广大市民提供一个回归和欣赏大自然广阔天地和游玩的好去处。

早在 20 世纪 90 年代末，随着中国政府首次把可持续发展战略确定为"现代化建设中必须实施"的战略，城市绿色空间开始受到关注。2001 年，国务院将城市绿地系统规划列为城市必须完成的强制性内容，要求通过规划落实绿线管理制度，切实保护城市各类绿地。当时的北京、深圳在绿地系统规划中首次提出了建设郊野公园的概念设想。然而，由于城乡二元经济社会结构影响形成的城乡分割思维的限制，当时的城市总体规划仍然是以城市建成区的绿色空间为规划对象，并没有考虑到城市郊区的绿色空间，郊野公园也停留在概念设想的阶段，并没有付诸实践。

2000 年，中国城市化水平达到 36.2%，进入快速发展阶段。随着城区面积的蔓延式扩张和超高密度的城市人口的聚集，城区内部的绿色空间非常稀少，已无法满足人们的生活需要，城市郊区绿色空间的稀缺性及重要作用日益凸显。这一时期，中国政府在可持续发展的基础上对生态环境问题更加重视。城市规划领域也逐渐从城乡土地利用特征和生态优先的角度开始关注城郊绿色空间的保护，北京、上海等大城市已开始在城市边缘区设立一定规模的连续绿色开放空间，如绿环和绿楔等，并颁布了相应的法规与政策（徐波等，2001）。然而，相比于庞大的规划数量，得到落地实施、收效甚佳的规划成果却不多。

2005 年，深圳市针对城乡一体的绿色空间保护和控制城市蔓延的目标，提出用基本生态控制线来加强城乡一体的生态格局管控，并率先颁布实施了《深圳市基本生态控制线管理规定》（深圳市人民政府令第 254 号），将大约 50% 的深圳土地面积划入基本生态控制线范围加以严格保护，其中大部分为城市郊区的绿空空间（盛鸣，2010；王广洪，2016）。与基本生态控制线规划同步甚至略早，深圳就提出了通过建设郊野公园划定城市郊区绿色空间的想法，并付诸实践。随后，在城市规划绿环和绿地系统的基础上，南京于 2006 年、北京于 2007 年也宣布开始建设郊野公园（张嘉琪，2016；肖威等，2016）。由此可见，在各大城市郊区绿色空间规划实施成效不佳的情况下，来源于香港的郊野公园受到重视，各大城市把建设郊野公园当作一种城郊绿色空间保护的行之有效的方式。此时，郊野公园逐渐从概念走向实践，并且从城乡规划层面逐渐独立出来受到重视。然而，此时郊野公园受城市公园和国家公园征地建设模式的影响，以城市边缘区的绿环和绿楔中成片的林地为主要类型，采用国家统一征用的方式建设（肖威等，2016）。而位于城市边缘区的郊野公园很快被城市所吞并，成为城市公园的一部分。另外，由于城市边缘区绿环和绿楔面积有限，导致大多数郊野公园的规模也比较小。比如，北京在绿化隔离带内建设了49个郊野公园，其中面积超过180公顷的仅有2个（张嘉琪，2016）。

2010年以后，随着生态文明上升成为国家的重要发展战略，城市蔓延、城市的绿色空间不足及系列城市生态安全问题受到全社会的高度重视。一些学者认为中国经济增长和建设用地之间的依赖关系可能将变得越来越弱，这为中国实施更严格的城市建设用地总量控制制度提供了理论基础（刘琼等，2014）。2010年，原国土资源部在《全国土地利用总体规划纲要（2006—2020年）》中提出，将全国建设用地总规模控制目标确定为3 724万公顷，其中主要特大城市建设用地总规模在经过了自1978年以来的宽松政策后调转方向，受到了最严格的管控。为了严格控制大城市扩张，2013年末，中央政府正式将城市郊区绿色空间的保护与建设列为中国新型城镇化的主要任务之一，并要求所有大城市必须划定基本生态控制线，意欲通过大城市郊区绿色空间的严格保护起到遏制大城市蔓延的作用。与此同时，上海、北京、深圳等大城市先后经历了快速城市化发展阶段，随后进入了后城市化时期。一方面，高密度的人口和拥挤的城市生活环境刺激了居民的自然休闲需求，而不断提高的经济收入水平又提供了经济保障。普通的城市公园已经不能够满足人们对于自然的渴望，距离城市不远、又能够充分体验自然的城市郊区自然成为大城市居民出游的重要目的地，各大都市兴起了周末郊区游热潮。另一方面，由于快速的城市蔓延以及中国特殊的城乡二元体制的影响，伴随着大城市蔓延的郊区乡村衰落问题日渐突出，城市与郊区乡村的差距日益扩大。划入基本生态控制线范围内的城市郊区乡村转型发展成为必须面对的政策目标。因此，2013年深圳调整了基本生态控制线的保护政策，在生态线准入项目类型上增加了现代农业和教育科研两大类（盛鸣，2010；王广洪，2016）。2013年，上海市规划在基本生态控制线内建设21个大型郊野公园；2015年，武汉市规划在基本生态控制线内建设12个大型郊野公园;2016年,天津市规划在基本生态控制线内建立16个郊野公园。中国各大城市建设郊野公园成为城市郊区绿色空间利用与保护的潮流。

6.1.2　郊野公园功能

早期英国郊野公园的功能包括为城市居民提供交通便利的户外休闲空间,保护城市郊区重要的景观资源,以及保护生态三个功能(Lambert,2006)。1976年,中国香港建立的郊野公园,其功能也以保护生态,向市民提供郊野娱乐设施和教育设施为主(尹玉芳,2017)。其中,生态保护的功能重于居民休闲与教育。张嘉琪(2016)提出不同类型的郊野公园具有不同的功能。其中,内源引导式郊野公园具有生态保育、农林风貌展示和历史人文展示功能;周边嵌入式郊野公园具有都市休闲、农业生产功能定位;外部植入郊野公园具有野外露营、摄影基地和农业旅游功能。

与国外郊野公园相比,中国郊野公园具有以下三个显著特点:一是空间区位上,位于大城市郊区,选址都在基本生态控制线范围内,并且规模大,如天津的郊野公园平均规模为40平方千米,上海的郊野公园平均也有20平方千米。二是郊野公园目标更加多元,不仅发挥保障城市生态安全和控制城市蔓延的作用,还强调了满足居民体验自然的需求与引导郊区乡村转型发展的政策目标。三是建设模式与促进乡村转型发展相结合。与以往郊野公园采用国家征用土地后将原始居民迁出的建设模式不同,新的郊野公园则在保护原始居民的乡村土地产权的前提下建设郊野公园,探索郊区乡村转型的可能性。

从中国郊野公园的发展历程可以看出,中国郊野公园除了具有维持大都市基本生态安全、阻隔城市蔓延和满足广大市民亲近自然的需求的基本功能以外,还应当发挥保护耕地资源、促进都市郊区乡村转型发展的功能。比如,上海郊野公园定义为:位于上海市郊区关键生态节点,具有一定规模和较好可达性,以郊区基本农田、生态片林、水系湿地、自然村落、历史风貌等现有生态人文资源为基础,以土地综合整治为平台,统筹和整合涉农政策、资金,拥有良好的田园风光、郊野植被及自然景观,以保护生态环境资源、展现自然人文风貌、提供都市休闲游憩空间为主要特征的郊野开放空间。

中国郊野公园建设与大都市郊区特殊的乡村转型发展具有密切的关系。与城市化进程中土地利用从生态或农业用地转化为建设用地的过程不同,都市郊野公园的建设是大都市进入城市化后期以后,将都市郊野乡村中的建设用地再次转化成为生态或农业用地的土地利用过程。这一过程既实现了都市郊区绿色空间的恢复、保护和合理利用,也实现了都市郊区土地利用空间也就是乡村空间的重构。以上海的郊野公园最具代表性。上海的郊野公园是以土地整治为抓手,通过对郊野地区低效工矿用地、宅基地等建设用地减量复垦,对田、水、路、林、村、文进行综合梳理和提升,在巩固农用地生产功能的基础上,进一步发挥乡村的自然生态功能,提升农耕文化和历史风貌,以此实现城乡空间布局的优化,生态空间的提质扩容,乡村生产、生活、生态融合发展,进而整体提升郊野地区的经济、社会和生态发展水平。郊野公园通过减量化和土地整治,为乡村产业从"农业+低效工业"转向"农业+乡村旅游"的产业升级扫清了土地利用转型的障碍。通过创新性地运用建设用地减量化、城乡增减挂钩、土地整治、市场化运作、多主体参与等措施,郊野公园的建设有效促进了乡村基础设施的完善和乡村生态、生活条件的改善,推进了上海郊区乡村从低效建设用地向绿色空间的转型,从一般农田向市民休闲新空间的转型,从传统村庄向乡村文化体验新热点的转型。

6.1.3　上海郊野公园概况

2008年,上海市生态用地共计 4 057.03 平方千米,占区域总面积的比例不到50%,而伦敦、巴黎、东京、香港这些世界城市生态环境空间比例大多在70%左右。上海的森林覆盖率和自然保护区面积比例均远低于国外大城市的平均水平。同时,随着上海城市建设和社会经济的快速发展,现状生态环境空间保护压力也逐渐加大,主要体现在:一是生态用地总量减少的趋势比较明显,年均降幅占陆域总面积的1.5%。二是生态连通性不够,整体效益较差。快速城市化、近郊区化使得生态用地占用和分割现象比较突出,生态用地斑块的破碎程度加剧。三是生态用地分布不均衡,近郊区和城市建成区生态用地比重明显较低。四是生态空间建设难度比较大。规划的楔形绿地、建设敏感区和生态敏感区,都被不同程度地占用,生态空间建设的激励机制和实施保障有待进一步完善。

为了维护城市生态安全,针对市域生态空间与以耕地为主的农用地高度重合,上海立足全域,统筹安排城市绿地、耕地、林地及滩涂湿地等生态用地布局,积极保护和改善生态环境,着眼"大生态空间",于2009年发布了第一个城乡一体化的《上海市基本生态网络结构规划》。通过"环、廊、区、源"生态空间的合理布局,以及农地、绿地、林地、湿地、水面等各种生态要素的有机整合,形成全市高效的生态网络系统(见图6-1)。

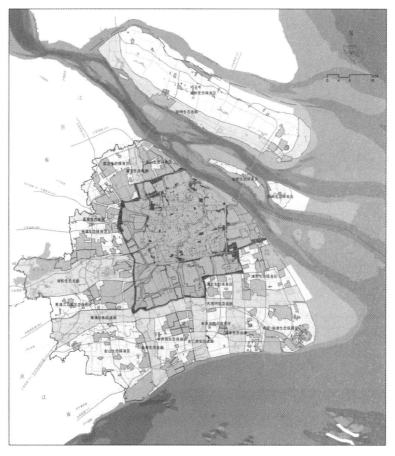

图6-1　上海市基本生态网络规划方案图

资料来源:上海市城市规划设计研究院.上海市基本生态网络规划[R].2012.

结合基本生态网络的整体布局和自然资源禀赋条件,共选址布局了21个郊野公园,总用地面积约400平方千米。2012年,《上海市郊野公园布局选址和试点基地概念规划》根据布局的均衡性和近期实施的可行性,选择青浦区青西郊野公园(21.85平方千米)、松江区松南郊野公园(24.6平方千米)、闵行区浦江郊野公园(15.3平方千米)、崇明县长兴岛郊野公园(29.8平方千米)、嘉定区嘉北郊野公园(14.0平方千米)5个郊野公园作为建设试点,总面积约105.55平方千米。2014年,又增加了金山廊下郊野公园(21.4平方千米)和松江广富林郊野公园(4.25平方千米)。截至2017年底,近期建设试点的7个郊野公园全部开园。

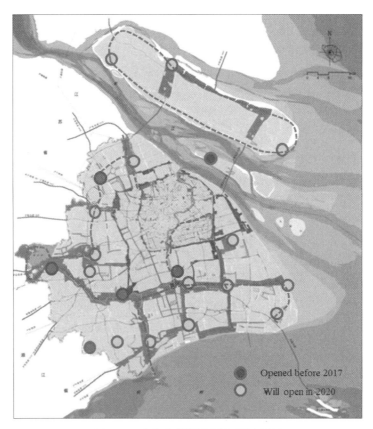

图6-2 上海市郊野公园布局示意图

资料来源:上海市规划和国土资源管理局,上海市城市规划设计研究院.上海市郊野公园布局选址和试点基地概念规划[R].2013.

其他国家或地区的郊野公园大多以保护生态环境和维护生物多样性为首要目标,在充分尊重原生的自然风貌及景观的基础上,适度开发多样化的休闲活动,以满足市民的户外活动需求。上海郊野公园既具有尊重自然风貌、注重游憩功能、加强环保教育、优化空间结构等基本特征,又有上海的个性特征。由于上海的郊野公园内大部分为具有生产功能的农田、林地、苗圃、鱼塘、乡镇工业及农村宅基地等,农业生产和农田保护的要求在郊野公园内将长期存在,故郊野公园具有基本农田保护、郊野土地整治等特色。因此,上海郊野公园规划既要实现农业生产与游憩的统合,兼顾生态和生产、统筹农业生产和农民生活,又要合理规划郊野公园的服务设施,为郊野地区持续发展提供具备自身造血功能的空间载体,实现城市和乡村宜居、宜业、宜游的和谐发展(上海市规划和国土资源局、上海市规划院,2015)。

6.2　典型案例 ▶▷

6.2.1　嘉北郊野公园: 从低效建设用地到城市绿色空间的转型

1. 嘉北郊野公园概况

嘉北郊野公园位于嘉定新城主城区的西北部,距离人民广场约30千米。它是上海第一批5个郊野公园试点之一,一期面积为9.32平方千米,涉及外冈镇、菊园新区和工业区(南区)3个镇/区,包括外冈村、大陆村、徐秦村、冈峰村和陈周村,菊园街道的青冈村和六里村以及工业区南区的现龙村和虹桥村等村庄。从2013年开始启动规划,到2017年初步建成开园,总投资55亿元人民币。

嘉北郊野公园围绕“城墙下的原风景”的主题定位,以现状生态基底为基础,通过田、水、路、林、厂、村等农村土地要素在功能和形态上的综合整治,以原生态的农田、林网和水网为基本特色,建成一个兼具生态、景观、耕地保护,休闲游憩等多功能复合的基本生态网络节点,实现提升郊野地区生态空间功能重塑的目标。

2. 从低效建设用地到城市绿色空间的转型

与同样区位的其他近郊乡村相比,嘉北郊野公园更好地保存了生态空间和乡村景观的文化特色。项目区内现状农田占郊野公园总面积的50%左右。在特定季节,可以看见由成片翻滚的稻浪和在藕塘嬉戏的白鹭所构成的独特农田自然景观。现状水域约占郊野公园总面积的10%,包括河湖水面、养殖水面、坑塘水面和滩涂苇地,各种水面大大小小、纵横交错、彼此联系,体现出典型的江南水乡特征。

上海近郊区因为快速城市化而形成了显著的土地混合利用模式。土地利用模式基本都是绿色空间(林地、河湖、农田)、自然村庄和工业用地的混合。尽管与同区位的其他近郊区域条件相比,嘉北郊野公园更有优势,但是它在建设之前同样面临着土地混合利用的情况。如图6-3所示,嘉北郊野公园耕地约占49.91%,工业用地约占7.94%,住宅用地约占12.62%,其他建设用地约占6.29%。以耕地、林地、其他农用地和未利用地为代表的广义的绿色空间仅占项目区总面积的68.62%左右。由于土地利用现状构成与绿色空间的规划目标之间存在不可避免的冲突,必然要求郊野公园建设实现存量工业用地的利用类型的转变。

项目实施前,项目区内的建设用地总面积达到110.84公顷,约占项目区面积的12%。项目区内建设用地包括几个不同类型:第一,农村居民住宅用

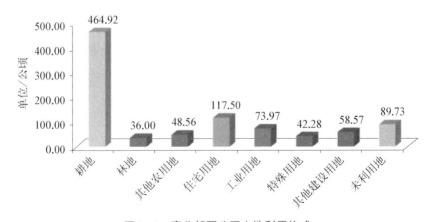

图6-3　嘉北郊野公园土地利用构成

资料来源:上海广境规划设计有限公司.上海市嘉北(郊野公园)一期土地整治项目规划设计和预算编制[R].2014.

地44.90公顷,涉及农户347户(包括48户应建未建户)。这些用地上的房屋大多建造于 20 世纪 80—90 年代初,总建筑面积约 73 万平方米,空间格局较好,但建筑质量一般;更关键的是,由于区位优越,房地产价值偏高。第二,工矿仓储用地55.32公顷,涉及企业105家。这些工业企业所占的工业用地大多数在2013年起的产业用地评估中被列为布局散、效益低、有污染的"198"低效工业用地范围。第三,其他建设用地,主要是村级配置的零售商业和村级公共服务设施用地。这部分用地随着居民的整体搬迁而难以找到存在的意义。

该项目实施后,土地利用格局发生了明显变化。最显著的变化是列入低效建设用地(占比为12%)的土地利用占比减少,相应的生态用地(主要是农业用地)占比从68%增加到接近80%,反映了土地利用从低效建设用地到城市绿色空间的转型。与土地利用格局变化趋势相一致的是环境污染排放的减少。由于项目的实施,污水排放减量99.2万吨/年。其中,工业企业年污水排放量约减少88.0万吨/年,占现状工业企业年污水排放量的90%;农村宅基地年污水排放总量约减少11.2万吨/年,占现状农村宅基地年污水

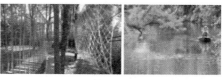

图6-4 嘉北郊野公园现状景观

排放总量的100%。农村生活垃圾减量778万吨/年,占现状农村生活垃圾量的100%。

郊野公园建设形成了具有江南村庄特色的城市绿色空间。沿主要河道(练祁河和祁迁河)两岸布局的大量苗圃、盐铁塘和漳浦河两岸具有良好风貌的水杉林等,与河流水系、农田、村庄建筑形成枝干横斜、树影婆娑、大树掩映的景观特征。此外,项目区内分布了多个特色果园(主要布局于嘉安公路北侧以及祁迁河北侧)。这些防护林、稀疏林、"四旁林"等共同构成了项目区观赏性的风景林带。

从低效建设用地到城市绿色空间的转型过程中,低效工业用地减量化政策是其中最核心的政策,政府、村集体组织、企业和公司发挥了不同的作用。政府方面包括上海市政府、嘉定区政府和外冈镇政府。不同的角色有不同的分工(见表6-1)。其中,市、区政府是政策制定方和部分财政资金的来源方,镇政府是资金平衡的负责人;村集体组织是土地所有者,也是一些具体项目的负责方,如负责出面与企业就退出补偿进行谈判。

表6-1　多方共同参与的治理方式

相 关 主 体		角　　色	活　　动
政府	市政府	策略和政策制定方	确定全市工业用地减量化目标、制订补偿标准并提供财政资金,监督实施效果
	区政府	配置政策制定方	制订区级减量化实施计划,配套资金
	镇政府	规划方与资金平衡方	制订镇级减量化计划及详细规划,保持资金平衡
村集体经济组织		土地所有权人与组织实施人	与政府谈判获得补偿,与企业主谈判,组织项目实施
居民		农地承包权人、宅基地使用权人与参考人	获得补偿
企业		一定年限的土地使用权人	获得补偿
技术单位		技术供给方	调查、评估、工程实施

在多方参与上海郊野公园治理中,如何把"自下而上"要素融入目前"自上而下"为主的规划管理流程,以改进多方参与的有效性是未来关注的重点之一。另外,嘉北郊野公园项目的低效建设用地主要转变成为农业用地,而不是更具生态和景观价值的林地或河湖水面,这与上海市耕地保护政策的巨大压力有关,也是未来郊野公园政策改进的方向之一。

6.2.2　青西郊野公园:面向乡村多功能的空间更新

1. 青西郊野公园概况

青西郊野公园位于《上海市基本生态网络结构规划》中划定的青松生态走廊核心区大莲湖畔。该走廊包括上海最大的淡水湖淀山湖、一部分黄浦江水源保护区、佘山国家级森林公园、大莲湖湿地公园、北竿山国家级森林公园、泖塔森林公园、崧泽古文化园等重要的生态资源,总用地面积为21.85平方千米,其中金泽镇涉及用地面积为16.27平方千米,朱家角镇涉及用地面积为5.58平方千米;距人民广场50千米,G50沪渝高速、沪青平公路穿越基地,规划轨道交通17号线东方绿舟站距基地1.5千米,交通条件良好。

青西郊野公园范围内共涉及10个行政村和2个社区。其中,金泽镇下辖东天村、西岑村、莲湖村、育田村、河祝村、三塘村6个村以及西岑、莲盛2个社区,朱家角镇下辖淀峰村、庆丰村、安庄村、淀山湖一村4个村。

青西郊野公园定位为远郊湿地型郊野公园,围绕大莲湖湿地景观、现状

图6-5　青西郊野公园规划空间意象与平面示意

资料来源:上海市规划和国土资源管理局.上海郊野公园规划探索和实践[M].上海:同济大学出版社,2015.

保留完整的江南水网"湖、滩、荡、堤、圩、岛"的肌理格局,满足都市人回归田园水乡、追寻江南记忆的需求。青西郊野公园一期规模为4.6平方千米,以市级土地整治项目建设为基底,聚焦"水、林、路、田"的适度修复和建设,同时提升区域旅游服务配套水平。该园已于2016年10月开园。

2. 面向多功能的乡村空间更新

按照青西郊野公园的规划方案,该乡村区域将更新成为上海西部以"湖、滩、荡、堤、圩、岛"特色水环境和江南水乡肌理为特色,以生态保育、湿地科普、农业生产、体验休闲为主要功能的远郊湿地型郊野公园。表6-2反映了郊野公园建设前后乡村土地利用的变化和特征。

表6-2   青西郊野公园土地利用变化

地　　　类		现状面积	规划面积	变化情况
一级地类	二级地类	（公顷）	（公顷）	（公顷）
农用地	耕地	286.23	346.71	60.48
	园地	28.75	28.66	−0.09
	可调整园地	23.45	22.97	−0.48
	林地	242.65	258.34	15.68
	可调整林地	329.35	325.75	−3.60
	养殖水面	354.10	302.54	−51.56
	可调整养殖水面	90.70	86.97	−3.73
	坑塘水面	66.48	63.05	−3.43
	可调整坑塘水面	0.25	0.25	0.00
	其他农用地	85.49	93.16	7.67
	合计	1 507.45	1 528.40	20.94
建设用地	城镇住宅用地	24.43	15.39	−9.04
	农村居民点用地	147.75	147.75	0.00
	工矿仓储用地	82.02	0.00	−82.02
	商服用地	3.78	57.31	53.54

（续表）

地	类	现状面积	规划面积	变化情况
一级地类	二级地类	（公顷）	（公顷）	（公顷）
建设用地	公共建筑用地	2.32	12.37	10.05
	公共基础设施用地	30.08	30.08	0.00
	瞻仰景观休闲用地	9.93	9.93	0.00
	交通运输用地	58.12	58.12	0.00
	特殊用地	3.83	8.44	4.62
	合 计	362.26	339.39	−22.85
水域和未利用地	河湖水域	314.71	316.62	1.91
	滩涂苇地	0.69	0.69	0.00
	合 计	315.40	317.31	1.91
总	计	2 185.11	2 185.10	0.00

资料来源：上海市规划和国土资源管理局.上海市青西郊野单元（郊野公园）规划［R］.2010.

1）农业用地面积增加,农业生产功能加强

青西郊野公园范围内农用地规模由1 507.45公顷增加为1 528.40公顷,相应区域的农业生产功能得以加强,与郊野公园的功能定位相符合。在农用地内部,呈现出耕地数量增加60.48公顷,而各种农业生产水面减少58.72公顷的变化,同时,耕地在空间布局上也进行了适当的集中,以利于进行规模化生产和经营。然而,青西江南水乡耕地以"鱼鳞状小斑块"为突出特色,并不是现代农业生产的大田块。因此,以发展郊野公园为定位的乡村空间更新,应当结合郊野公园传承传统乡村景观特征的定位,在加强农业生产功能的同时,保护和恢复传统的耕地景观形态,而不应当强调耕地和基本农田数量的增加。

2）低效工业用地显著减少,产业功能向休闲文化升级

青西郊野公园范围内现状工业用地总量为82.02公顷,主要分布在三塘村、淀峰村、淀山湖一村、育田村、河祝村、庆峰村、西岑村、安庄村、莲湖村和东天村;共有企业196家,2011年全口径税收为11 834万元,解决就业人口4 756人（本地劳动力2 426人）,其中镇得财力约为2 334万元。企业类型主

要包括精密仪器厂、砖瓦厂（已废弃）、木业有限公司、工艺品厂、五金厂、美术用品企业、喷涂企业等，周边还有特种化学纤维厂（已关闭）、特种橡塑制品厂、工艺品公司、家具制造公司等企业。这些工业企业是区内水源和土壤的潜在污染源，如颜料制造企业、有色金属铸件厂和油漆喷涂厂等企业容易造成 pH、Hg、Cr6＋、Cd、As、Zn 等重金属污染①。

同时，由于区位偏远，大部分工业用地存在低效利用、闲置荒废等情况，土地出让租金长期偏低，并没有发展成为村集体经济的有力支持。青西郊野公园通过乡村更新，现状 82.02 公顷工业用地全部被减量化，倒逼乡村寻找产业转型的新方向。

从 2000 年到 2010 年的变化趋势来看，青西郊野公园的边界密度呈递增的变化趋势，说明青西郊野公园各类土地利用类型受人群活动影响被分割的程度逐渐增强，使得其景观破碎化情况越来越严重。区域内的绿地、林地斑块连通性最好，而河网水系斑块的连通性相对较差。区内近百家零星分布的小规模工业企业存在较高污染风险，另有约 40% 的农村生活污水、大量未纳管的工业废水直接排入河道。此外，高密度的水产养殖、人工投放大量饵料和水体交换也导致河道水系的富营养化程度严重②。生态景观的破坏、工业点源污染和农业面源污染、农村生活垃圾和生活污水污染等，这些生态问题可以归结为农村生态用地、生产用地和生活用地三个方面，它们彼此之间又是交错复合影响的（谷晓坤、陈百明，2009）。

依据青西郊野公园规划方案，生态环境提升方面，以打造"上海最具特色的湿地"为目标，以郊野公园的水森林为核心，充分利用区域内水体和林地资源，形成"湖、滩、荡、堤、圩、岛"的多样湿地景观。休闲文化提升方面，依托河网交流的水系，充分利用青西"湖、港、河"水系发展乡村休闲功能；通过对青浦田山歌、阿婆茶、商榻宣卷、金泽庙会等非物质文化遗产和古寺、古桥的实体历史的再现，体现崧泽文化、渔耕文化的历史传承③。生态修复方面，提出了包括水环境整治修复、湿地生态系统修复、生活污染治理、农业

---

① 上海市规划和国土资源管理局.上海市青西郊野单元（郊野公园）规划［R］.2010.
② 上海市规划和国土资源管理局.上海市青西郊野单元（郊野公园）规划［R］.2010.
③ 上海市规划和国土资源管理局.上海市青西郊野单元（郊野公园）规划［R］.2010.

面源污染治理等多方面、系统性的生态环境更新措施,通过生态用地调整优化,使休闲文化和生态环境功能得到显著提升。

3）居住保障功能增强,公共服务保障仍需要提升

保留东天村、育田村、河祝村、三塘村、庆丰村、安庄村、莲湖村等村庄的宅基地,其用地面积为140.95公顷。基本保留村民居住点的空间格局、环境风貌及建筑形态,局部可对建筑实体进行修缮。处于郊野公园主入口以及重要旅游线沿线的部分自然村,建筑质量较好。经过修缮可继续使用的住宅可进行功能置换,以用于特色餐饮、民宿等服务功能。

虽然青西郊野公园内乡村居民点的居住功能得到了显著改进,但乡村公共服务设施的保障功能并没有明显改善。青西郊野公园范围内涉及10个村和2个社区,共有人口约为37 063人。由于长期以来对于淀山湖地区实施严格的环境保护,在一定程度上导致郊野公园范围内各行政村经济基础相对较差,公共服务和市政基础设施等配置也相对较为薄弱。青西郊野公园所在区域的三项公共服务可达性均较低,这是目前乡村生活保障功能的短板所在,也是未来政策关注的重点。然而,就目前青西郊野公园的规划与实践来看,并没有提出相对明确和清晰的公共服务设施改善目标和措施。

6.3 郊野公园的居民感知 ▶▷

2016年底,青西、嘉北、金山、长兴岛、浦江等郊野公园陆续开园。为了解郊野公园的居民感知度,上海交通大学中国城市治理研究院与上海市建设用地和土地整理事务中心联合开展了“郊野公园居民认知”问卷调查。调查分为两个阶段:2017年10月1—7日,采取了郊野公园现场调查方法,调查对象包括郊野公园原住居民和城市居民;2017年11月1—15日,在上海市建设用地和土地整理事务中心官方微信平台上开展了网络调查,主要调查对象为城市居民。

6.3.1 原住村民对郊野公园的感知

本次调查涉及的郊野公园的原住居民共215人,主要分布在青西郊野

公园、嘉北郊野公园和金山郊野公园。被调查男性占比为57%,女性占比为43%,性别比例适当;大多数被调查人员年龄在45岁以上,文化程度为初中及以下文化,95%的被调查人员为普通村民,5%为村干部。

1. 原住村民参与情况

金山廊下郊野公园和青西郊野公园均保留了传统村落,被调查村民主要来自廊下村和莲湖村,他们在当地的居住年限平均超过20年,100%拥有宅基地使用权,并且有92%的人表示将继续居住在郊野公园。可以说,他们是郊野公园项目的天然参与者。调查发现,大部分村民对郊野公园项目及相应的政策处于"比较了解"的程度,但是只有43%的村民认为自己参与了郊野公园项目,反映出村民自我评价的参与程度并不高。居民参与的方式主要包括在郊野公园内开农家乐(25%)、就业(5%)、志愿服务(5%)及其他临时性参与活动(8%)。

2. 原住村民对郊野公园与宅基地和农用地利用的认知

被调查村民的宅基地面积从50平方米到350平方米不等,具体分布如图6-6所示。按照郊野公园的规划内容,保留的农村居民点,将保留其传统的建筑形态,可从局部对建筑实体进行修缮。100%的被调查村民表示原有宅基地产权得到了保护,没有因为郊野公园项目开发而发生改变。村居传统的建筑形态得到了保护,但是村民们仍然希望住宅修缮工作能

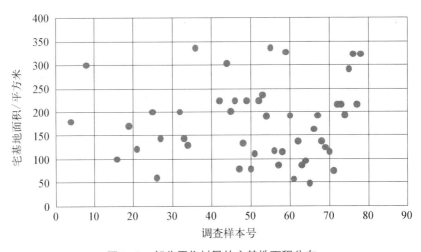

图6-6　部分原住村民的宅基地面积分布

够随着郊野公园的进一步建设得以实施。

另外,有20%的村民认为郊野公园项目对原有的土地利用方式产生了不利影响,主要表现是,由于郊野公园范围内农用地的统一流转经营,村民失去了原有承包地的经营权。而且在这个过程中,部分村民表示更希望继续原有的家庭承包经营的农地利用方式。

3. 原住村民对郊野公园与乡村发展的认知

郊野公园对乡村发展的影响可以从直接提高居民收入、直接促进就业、吸引投资、完善基础设施、提高政府对乡村的关注度以及促进本村发展6个方面得到反映。村民对这6个方面的具体认知态度如图6-7所示。总体来看,通过郊野公园项目建设,村民对改善本地交通、通信等基础设施和促进政府更加关注乡村发展这两项影响普遍持比较同意的态度;然而,对郊野公园直接提高居民收入、直接增加当地就业机会和吸引外来投资这三项影响,村民的态度更偏向于不同意。

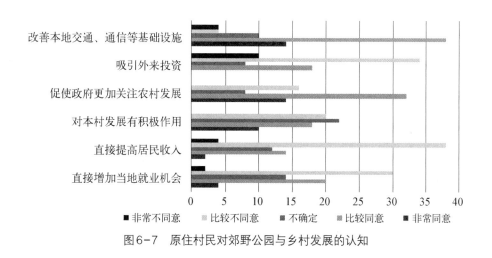

图6-7　原住村民对郊野公园与乡村发展的认知

4. 原住村民对郊野公园生活影响的认知

原住村民对郊野公园带来的生活方面的影响主要从居住条件、生活成本、日常生活习惯、家庭经济条件及生活影响的普遍性5个方面来评估。从图6-8所示的结果来看,总体上,原住村民认为郊野公园对他们的生活基本没有产生显著影响,即他们的生活既没有变得更好(居住条件改善),也没有

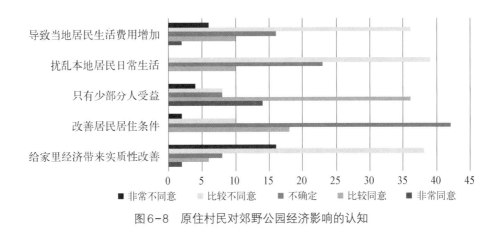

图6-8　原住村民对郊野公园经济影响的认知

变得更坏(生活成本增加),但是他们中大多数却认为有少部分人从郊野公园项目中获得了收益。

5. 原住村民对郊野公园环境影响的认知

原住村民对郊野公园产生的环境影响的认知,可以从环境改善和环境恶化两个方面进行评估。从图6-9所示的结果来看,一方面,村民普遍认为郊野公园促进了乡村环境的改善,提高了村民的环境保护意识;另一方面,由于郊野公园带来的客流量增加,导致外来车辆明显增多,空气污染风险加大,但是由于郊野公园对环境保护的重视以及相应的治理措施比较有效,因而总体上并没有破坏当地的宁静氛围,也没有新增加的生活垃圾处理不及时等问题。

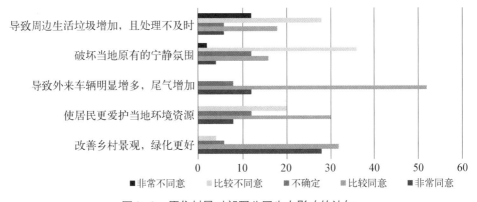

图6-9　原住村民对郊野公园生态影响的认知

6. 原住村民对郊野公园社会影响的认知

原住村民对郊野公园产生的社会影响的认知,也可以从改善和恶化两个方面进行评估。从图6-10所示的结果来看,总体上,原住村民认为郊野公园对他们的社会文化基本没有产生显著影响,即既没有变得更好(促进当地风俗习惯传承、居民关系更加融洽),也没有变得更坏(犯罪和不良现象增加)。这一点与原住村民对郊野公园给他们的生活带来的影响的认知相似。唯一获得原住村民普遍同意的是郊野公园提高了本地的知名度。

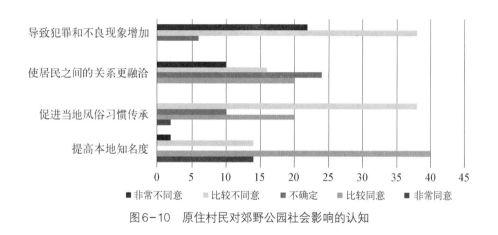

图6-10　原住村民对郊野公园社会影响的认知

6.3.2　城市居民对郊野公园的感知

本次针对城市居民的问卷调查共发放问卷1 365份,回收问卷1 365份,其中有效问卷1 117份,有效率为81.83%。在回收的1117份有效问卷中,男性536人,占比为47.99%,女性581人,占比为52.01%,问卷调查的男女比例比较均衡;在上海居住时长为5年以下的占比为21.78%,居住时长在5年以上的占比为78.22%,调查对象中常住居民比重较高;具有上海房产的被调查者人数占有效问卷调查总人数的70.03%,无上海房产的被调查者占比为29.97%。

问卷调查开始部分,展示了6种代表性的郊野公园景观,如图6-11(a)~图6-11(f)所示。

（a）青西郊野公园的水上森林

（b）廊下郊野公园的枫叶岛

（c）嘉北郊野公园的野趣草坪

（d）长兴岛郊野公园的海岛景观

（e）嘉北郊野公园的水稻景观

（f）廊下郊野公园的江南民居

图6-11　上海郊野公园典型景观

1. 郊野公园吸引力：八成以上受吸引，景观偏好分布较均匀

82.90%的被调查者认为郊野公园景观对他们有吸引力，其中有36.45%的被调查者认为郊野公园景观对他们非常有吸引力。在提供的6种郊野公园代表性景观中，14.58%的被调查者最喜欢图6-11（a）的景观，27.81%的

被调查者最喜欢图6-11（b）的景观，17.46%的被调查者最喜欢图6-11（c）的景观，20.97%的被调查者最喜欢图6-11（d）的景观，8.55%的被调查者最喜欢图6-11（e）的景观，10.62%的被调查者最喜欢图6-11（f）的景观。

在郊野公园的巨大面积对居民的吸引力的调查中，有72.99%的被调查者认为郊野公园的巨大规模对他们有吸引力，其中33.12%的被调查者认为郊野公园的巨大规模对他们非常有吸引力。

在城市居民对郊野公园认识程度的调查中，有71.37%的被调查者能够认识到郊野公园与城市公园的不同，有9.81%的被调查者仍然不能区分郊野公园和城市公园的差异。因郊野公园提供的基础设施，居民去郊野公园郊游的意愿调查中，有74.34%的被调查者愿意去郊游，其中有26.37%的被调查者表示非常愿意去郊游，仅有18.45%的被调查者持中立态度。

2. 基础设施：超九成居民需要满足基本需求的设施

由于郊野公园是位于郊区、占地面积较大的新型公园，因此我们需要了解居民对于郊野公园的基础设施的需求程度。通过调查可知，在郊野公园能够提供的基础设施中，居民心中排在前三位的分别是椅凳、凉亭等休息设施（49.32%），其次是厕所（44.1%）和宾馆或民宿（33.48%）。椅凳、凉亭等休息设施和厕所，作为游憩场所的标配，也是居民心中不可或缺的两项基础设施。要使更多的人能够接受郊野公园，就要保证椅凳、凉亭的提供能够满足游客的需求。然而，不同于城市公园，郊野公园位于城市的郊区地带，离城区较远，因此，居民会对园内和周边的宾馆或民宿有较大的需求。对于园内陪同导游（10.8%）、共享单车（14.13%）和急救室（16.11%），居民的需求度较低。女性与男性需求差异相对较大的基础设施是厕所，这就需要园方在满足居民上述基本要求设施的基础上，再适当增加女厕的厕位。

从受教育程度来看，小学教育程度的被调查者（13.04%）对于园内陪同导游的需求比研究生及以上学历的被调查者（3.09%）更高。这表明教育程度比较低的游客更需要有人来陪同介绍园区。从年收入角度来看，年收入在5万元以下（23.97%）的对于停车场的需求程度比年收入在100万元以上的（33.33%）低很多。是否拥有车辆与收入水平相关，因此，收入越高者对于停车场的需求也会更大。有小孩的受访者（31.50%）对于停车场的需求大于没有小孩的(22.91%)。这表明有小孩的受访者考虑到孩子的舒适度问题,更青睐于自驾游,因此对于停车场的需求更大。

3. 居民体验:乡间野趣项目受追捧

郊野公园依托当地特色能够提供一系列城市公园所不能提供的乡村特色体验项目。通过调查发现,采摘(46.62%)、露营(44.37%)和垂钓(29.61%)排在受访者喜爱的项目的前三位。从中可以发现,具有乡野趣味的活动更受居民们的喜爱,这也表现了现代城市居民想要返璞归真、回归自然的一种状态。其中,采摘和露营的受欢迎程度差异不大。

男性对于垂钓(34.53%)和泥地足球赛(18.68%)更加热衷,喜爱程度远大于女性。同样地,女性对于传统农事体验,如稻田插秧、采莲等(21.34%),以及乡村艺术亲子活动(19.62%)的喜爱更甚。硕士研究生及以上学历的受访者(25.77%)比没有受过任何教育的受访者(18.75%)更喜欢垂钓,可以看出学历越高者对于传统的乡野活动更喜爱。年收入在61万元到80万元的受访者(33.33%)比年收入5万元以下的受访者(15.07%)对于传统农事体验(稻田插秧、采莲等)更有热情。收入越高者接触的乡间事务越少,因此对于传统的农事体验更加喜爱。有小孩的受访者(21.97%)对于乡村艺术亲子活动的喜爱程度远大于没有小孩的受访者(6.92%)。同时,有小孩的受访者(10.84%)对于现代农业科普观赏的喜爱是没有小孩的受访者(5.01%)的2倍。这说明有小孩的受访者在考虑郊野公园的出游活动时,处处把孩子的出游体验放在第一位。

4. 出游偏好:小假期出游占比高,门票取向低价位

在出游的时间和人选调查中,70.02%的被调查者认为适合去郊野公园的时间段是三天小长假或周末。在园内停留时间的调查中,认为园内适合停留一至三天的被调查者占总人数的78.75%。

对于郊野公园的门票价格,在被调查者可最大限度接受的门票价格中,接受20元以下票价的被调查者占比为48.06%,接受20～40元票价的被调查者人数占比为38.34%,接受40元以上票价的被调查者比例为13.59%。有92.26%的被调查者会向他人推荐郊野公园,仅有7.74%的被调查者不会向他人推荐郊野公园。可见,居民对郊野公园的认可程度较高。

6.4　效果评估与治理建议 ▷▷

6.4.1　成效与问题

1. 郊野公园开拓了市民休闲的新方式,但体验不足限制了消费潜力的实现

通过市民问卷调查发现,居民对郊野公园的接受程度高,消费潜力巨大。如82.90%的被调查者认为郊野公园景观对他们有吸引力,86.40%的被调查者表示能接受低于40元的公园门票,55.88%的被调查者愿意消费的金额在1 000~2 000元。然而,体验不足和服务设施缺乏限制了消费潜力的实现。郊野公园开园试运营期间,特色项目的体验还没有正式推出,大多数市民的停留时间都在一天以内,体验的项目不多;33.48%的被调查者希望郊野公园内提供酒店或民宿。被调查者普遍认为三项服务设施(49%的调查者选择椅凳、45%的调查者选择厕所、43%调查者选择停车位)的数量有限影响了体验。产生这一问题的主要原因如下:一是郊野公园的产业导入与特色农业公司接入晚于公园的规划建设;二是郊野公园通过减量化置换的建设用地指标,未合理预留用于公园公共服务设施落地;三是公园管理方和被访居民存在思维惯性,习惯以城市公园的标准衡量位于乡村的郊野公园。

2. 郊野公园建立了乡村产业升级的基础,但农民收入暂时没有明显增长

郊野公园通过减量化和土地整治,为乡村产业从"农业+低效工业"向"农业+乡村旅游"的产业升级扫清了土地利用转型的障碍。以嘉北郊野公园一期为例,共减量84家低效污染企业,污水减排99.2万吨/年。减量后的工业用地复垦为农业用地,发挥生态、景观和休闲的新功能。

然而,郊野公园带动乡村旅游和吸纳本地农民非农就业有限,农民直接增收效果暂时不明显。一是通过乡村旅游促进农民增收效果因地域不同而有差异。金山廊下等乡村旅游基础好的区域,镇内以锦江中华村农家乐为代表,共有20多家乡村旅游点。通过郊野公园提升品牌传播、整合资源和改善基础设施,促进了农民增收。但是,对于乡村旅游基础薄弱的地区,郊

野公园的带动作用并不明显。如青西郊野公园开园一年来，虽然新开农家乐5家、民宿2家，但经营效益一般，且因为郊野公园统一的管理要求，车辆必须停在郊野公园以外，远离农家乐，对经营的影响较大。二是郊野公园吸纳本地农民非农就业有限。如青西郊野公园内保留了莲湖村农户246户，但是新增的保安、保洁、绿化等100多个农民可就业岗位中，仅吸纳莲湖村农民10人就业。

3. 国有企业统一运营促进了市场化，但农民权益保护机制滞后

市场化运营和社会资本下乡是激活郊野公园价值的一般做法。郊野公园的整体建设和运营管理由区国资委下专门成立的国资公司负责。国资公司先向镇农资公司租用农用地，再分租给不同特色的农业公司经营，这种符合市场化机制的运营方式有利于吸引社会资本投入，激活郊野公园价值。

农民作为郊野公园内土地的产权人，获得和分享资产性收益是市场化运营和社会资本下乡必须坚持的原则和前提。郊野公园中农民资产性收益的方式有两个：一是农地流转费；二是农业特色经营的收益分享。然而，农民目前尚未参与郊野公园经营收益的分享，政策设计上也未考虑建立相应的长效增收分享机制，其原因如下：一是农地流转费没有相应的增长机制。除青西郊野公园增加了郊野公园特殊流转费500元/亩以外，其他郊野公园农地流转费没有变化，如金山廊下仍为875元/亩年，嘉北郊野公园农地流转费为1 430元/亩年。二是郊野公园内的农业特色经营收益由郊野公园国资公司与特色经营公司分享，没有考虑农民参与收益分享的问题。

4. 郊野公园有效改善了乡村条件，但基层村组织管理成本上升

郊野公园的河道、景观、农田水利、交通等涉农设施由基层村组织负责管护，管理成本上升，但管理费用没有相应增加。以青西郊野公园为例，由于郊野公园建设，莲湖村农地流转率从2014年的50%快速增加到2016年的90%，基层村组织增加了大量工作，同时部分新修水利设施维护成本高，河道安全管护、生活垃圾处理、食品安全等管理要求提高，但配套的管理经费却没有相应增加。

6.4.2 治理建议

1. 建立多部门联合的郊野公园联席管理制度,充分发挥郊野公园的城乡融合综合效益

郊野公园不仅是大都市绿色空间的重要形式,起到维护基本生态安全、满足市民亲近自然的需求以及阻隔城市蔓延的重大"城市"功能,更是上海大都市特色的乡村振兴的新路径,具有保护基本农田、改善生产生活条件、促进乡村转型的特殊"乡村"功能。鉴于郊野公园本质上是建设在基本农田范围内的乡村公园,而后期运营管理与服务对象又面向城市居民,体现了乡村治理系统和城市治理系统各自的要求。因此,建议建立由多部门组成的郊野公园管理联席会议制度,在试点经验的基础上,制订上海郊野公园规划与管理条例或操作指南,以协调城乡治理系统的冲突,充分发挥郊野公园最佳的城乡融合综合效益。

2. 探索与规划同步的市场化与特色农业产业导入机制,激活居民的消费潜力

对于第一产业和第三产业基础薄弱的乡村,建议在郊野公园规划伊始即同步开展市场化与特色农业产业的导入,以缓解后期郊野公园运营阶段凸显的体验不足和服务设施缺乏等问题,从而有效激活居民的消费潜力,可试点探索大型国有企业与特色农业经营公司参与郊野公园规划方案编制中有关产业规划的内容。对于已有一定特色产业基础的乡村,则以资源串珠成线、品牌整合和引导集群发展与产业链升级为主,规避因强势资本导入对原有乡村产业格局的扰动。

3. 增加郊野公园服务设施与引导居民接受简化服务双管齐下,提升居民休闲体验

一方面,在郊野公园前期规划阶段,优化低效建设用地减量化置换建设用地指标的分配,合理预留乡村旅游服务设施用地指标。建议适当调整区统筹和镇留用规模,增加直接用于郊野公园的预留建设用地指标,保障游客中心等大型建设用地的需要,同时兼顾厕所、服务点等零星公共服务设施的用地需求;并且在"减量化"和"土地整治"可行性研究与规划设计阶段,

以"类集建区"方式保障空间落地。另一方面,参考国外郊野公园"原生态野趣"为特色的服务设施极简原则,修订适合郊野公园的服务设计新标准,引导居民接受比城市公园更简化的公园服务设施布局标准。

4. 建立郊野公园农民收益分享机制和农地流转增长机制,让农民合理、稳定参与郊野公园带来的乡村价值增值分配

一方面,结合全市农村产权制度改革推进已有成果,建议在权责利相一致的原则下,探索建立由运营管理方、特色经营公司与村经济组织等郊野公园多主体收益共享机制;另一方面,可以直接建立郊野公园农地流转特别租金增长机制,使农民通过农地流转费的方式分享郊野公园收益。

5. 合理增加基层村组织的专项管理经费,打消基层顾虑

建议严格落实土地整治项目后期管护资金专款专用制度,打消基层村组织管护的顾虑;同时将郊野公园配套管理纳入基层村组织工作考核范围内,增加相应的专项管理经费支持。

第7章
大都市郊野空间治理的乡村居民响应机制

　　大都市郊野空间治理是一种调整和改善郊野"镇—村"空间体系、增强郊野公共服务均等化、提高郊野资源利用率,从而使治理成本内化、效益外溢的公共性活动。虽然中国的空间治理实践形成了以政府为主导的"自上而下"的路径依赖并取得了显著的成效,但是探索空间治理"自下而上"的多元参与机制,既是国家治理现代化改革的要求,也是保障居民公共空间公平权益的必由之路。上海大都市郊野空间治理的经验也显示,符合郊野发展规律、尊重农民意愿并维护其空间权益的政策最终将赢得居民的支持,反之则可能引发新的空间权益冲突。

　　本章聚焦大都市郊野空间治理的公众参与,以农村居民点整治的乡村空间更新方式为切入点,构建了乡村空间更新的"政策—家庭资源禀赋"的双层影响机理分析框架,从理论上分析了政策的预期效应、补偿标准、家庭资源禀赋对居民意愿的影响机理;以青浦区8镇148个行政村485户乡村居民的入户访谈数据为基础,本书建立了计量模型,对所构建的影响机理进行验证,从而揭示了大都市郊野空间治理的居民响应机制。

7.1　乡村空间更新的居民响应理论　▷▷

　　中国自20世纪90年代起开始实施土地整治,着力解决由于家庭联产承包责任制所导致的农田细碎化和农业基础设施建设落后等问题(Shuhao Tan, et al, 2006)。随后作为城乡增减挂钩和社会主义新农村建设的措施,农村居民点整治进入政策范围,强调优化城乡土地结构与改善农村的生产生活条件。在当前新型城镇化背景下,实现农村居民点整治促进乡村基础公共服务均等化和乡村景观功能提升等(郧文聚,2012;谷晓坤等,2014)已成必然趋势。虽然中国乡村发展遵循一个独特的轨迹,偏离同期全球农村发展阶段(Hualou Long and Woods, 2011),但在当前新型城镇化背景下,中国农村居民点整治定位于实现乡村功能更新及促进乡村发展却与世界的普遍趋势一致,并已成为各界共同的理念。因此,2006年至2009年,国土资源部先后在21个省实施了600多个农村居民点整治试点项目,探索农村居民点整治实现新农村发展的具体措施和经验。2010年,中央政府把"有序开展农村土地整治"列入国家"十二五"国民经济发展规划纲要,农村居民点整治成为解决乡村土地利用问题的空间治理手段。

7.1.1　相关研究进展

农村居民点整治属于土地整治的范畴,是一个世界性现象(Crecente,2002)。18世纪以来,世界主要发达国家先后开展了以促进农业生产为核心的农地整治(Grossman etc,1992)。自20世纪早期以来,乡村发展伴随着城市化成为重要议题。一般认为城市化会涉及四个平行的过程,即农业现代化、经济现代化、基础设施现代化、社会现代化(Woods,2010)。土地整治内涵也因此有了新的农业和社会政治目标,出现了农村居民点整治的内容(Wittlingerova etc,1998)。从20世纪80年代起,由于对田园生活以及农村生态的重视,出现了强烈的对乡村发展现代化范式的批判,"新农村发展范式"应运而生(van der Ploeg et al.,2000)。其重点放在利用内源性的自然和文化资源上,强调农业政策的多元化、农业生产环境的保持和改善。土地整治也转化到以乡村综合发展为核心的农村居民点整治(Sklenicka,2006),以荷兰的"乡村发展计划"(Adri Van Den Brinketc,2008)、韩国的"新村运动"(Garcia & Ayuga,2007;WillemK Korthals Altes & Sang Bong Im,2011)为代表,注重农村生态景观的保护和功能提升,注重农村居民基础设施条件和农村生产模式的现代化以及保留乡土特色的文化(Holger Magel,2000;Zvi Lerman,2006)。开展农村居民点整治逐渐成为应对农村衰退和实现乡村更新这一过程的普遍性举措(Wittlingerova etc,1998;Sklenicka,2006),并日益成为世界各国乡村发展政策中不可或缺的要素(Holger Magel,2000;Zvi Lerman,2006)。

目前农村居民点整治的相关研究主要分为以下三个方面:一是不同国家和地区土地整治内涵与政策效果的变化分析(Wittlingerova etc,1998;Sklenicka,2006;Zvi Lerman,2006;Adri Van Den Brinketc,2008);二是我国农村居民点整治潜力评价(张正峰、陈百明,2002;林坚等,2007)以及模式总结(叶艳妹、吴次芳等,1998;陈百明,2000;谷晓坤,2007,2009);三是对农村居民点整治效果的评估(Van Huylenbroeck et al.,1996;Coelho et al.,2001;Miranda et al.,2006;张正峰、陈百明,2002,2003;谷晓坤,2010)。总体来讲,基于乡村功能更新理念的农村居民点整治模式落到实处是该领域未来研究的重点和难点问题,农村居民点整治的内涵、潜力和效应评价的研究已经比较系统和深入,整治模式的分类及构成尚未形成共识,整治乡村居民意愿的研究是近几年的新兴方向。

1. 农村居民点整治模式

从19世纪末期开始,土地整治作为城市规划的一种工具,在德国得到了广泛的应用,并有效地推动了城市的发展和重建。从20世纪中后期开始,Doeble(1982)、Archer(1984)、Minerbi et al.(1986)、Osterberg(1986)、Kalbro(1990)、Larsson(1993,1997)、Sorensen(1999)、Seong-Kyu(2001)等学者把土地整治作为城市建设中的一种重要工具,分别研究了德国、法国、瑞典、美国、日本、韩国、印度尼西亚等国家的土地整治运作模式及其对城市发展的作用。总体来看,国外土地整理模式的研究主要集中于城市地区土地整治的组织和管理模式,各国模式的差别主要体现在土地整治的实施主体、投资主体等方面。代表的模式主要有德国模式(Larsson,1997)、法国模式和澳大利亚模式。

中国农村居民点整治是一种为改善农民生产、生活条件和农村生态环境的成本内化、效益外溢的公共性活动,基本上全部由地方政府组织和推动(谷晓坤、陈百明,2010)。在国内农村居民点整治政策发展演变过程中,关于整治模式的研究应运而生。叶艳妹和吴次芳(1998)认为农村居民点整理模式可分为农村城镇化型用地整理模式、自然村缩并型用地整理模式、中心村内调整用地整理模式、异地迁移型用地整理模式。杨庆媛(2003)对农村居民点用地整治的模式和目标进行分析后认为,在经济发达的平原型大城市郊区,市场运作模式是农村居民点整治的可行模式,也是农村居民点整治的创新模式。林坚等(2007)通过分析北京市合理的农村居民点用地整治潜力,提出了分区、分模式、分标准建立农村居民点整治模式的思路。谷晓坤(2007;2009)等分析了上海、浙江等经济发达的都市郊区农村居民点整治模式的构成因素,提炼了"政府主导型"整治模式和"三方共建型"整治模式,并进一步就天津、成都、上海的不同整治模式建立了相应评价的方法(谷晓坤、陈百明,2010)。陈玉福等(2010)围绕构建新型城乡关系和推动农村空间重构、资源整合、集约用地的理念,提出了城镇化引领型、中心村整合型和村内集约型等空心村综合整治模式。张正峰(2011)采用地域特征指标、待整治土地类型指标、土地整治目标指标和土地整治运作方式指标对土地整治模式进行了划分。

2. 农村居民点整治中乡村居民的响应

近年来,乡村居民对政府政策的行为反应已经成为国际农业研究的热点。从行为反应和对策(Wegren S K,2004)、区域差异(Gorton M et al,2003)到决策行为(Serra T et al,2005),学者普遍认为乡村居民行为决策遵循需求—动机—行为—目标的顺序,科学的决策需要综合反映农民的态度以及其他任何会影响农民行为决策的因素(Ahnström J et al,2009)。被调查者的每一个选择都可以表示为不同属性状态的组合,通过建立选择实验模型(CE)反映被调查者的意愿,这种方法于20世纪90年代中期开始应用于资源和环境的价值评估领域(Brouwer R et al,2010;Campbell D and george H W,2009)。

由于农村居民点整治作为全国性政策推出是在2006年,因此,整治乡村居民意愿的研究是近些年的新兴方向,相关研究成果较少,大体可分成两类。

第一类是从乡村居民特征和家庭土地资源禀赋角度研究对乡村居民意愿的影响。吕月珍(2009)对浙江嘉善的研究得出,乡村居民建房计划、家庭年收入、职业和土地经营方式是动力因素,乡村居民现有住房面积和住房建造成本是阻力因素。望佳琪(2009)对宁波的实证研究得出文化水平、收入水平、非农职业是动力因素,家庭总人口是阻力因素。陈倩(2010)发现户主受教育程度和家庭存款两个因素是影响更为显著的动力因素。王小来(2011)考察了浙江乡村居民整治意愿的影响机制,认为实证上运用工作地点、就业性质、土地承包面积、户主年龄以及农村住房面积这五类因素来对乡村居民意愿进行分析基本可以达到分析目的。另外,农民是否参保、农用地流转情况、区位条件等也在一定程度上影响农民意愿（刘旦，2010；徐冰、夏敏，2012；杨玉珍，2013；亢高燕、刘翠萍，2013；田甜等，2013）。

　　第二类是研究农村居民点整治政策对农民意愿的影响。经济补偿是最敏感的问题，直接影响着农民的整治意愿（张军民，2003），农民得到的补偿越高，农民的整治意愿就越高（刘旦，2010；徐冰、夏敏，2012）。集中居住区的位置和新居样式之所以影响农民意愿，是因为其实质则是农民对整治后生活成本上升的反应（刘海英等，2011）。将整治与就业培训相结合，以使乡村居民获得更多非农收入增长机会，对土地整治效果有显著影响（冯媛媛，2010）。

　　国内有关乡村居民土地流转意愿的影响因素研究比较成熟，对研究乡村居民参与农村居民点整治意愿起到了一定的参考作用。总体来看，乡村居民受教育程度、所处社会阶层与乡村居民土地流转意愿存在显著的正相关关系（叶剑平等，2006；钱文荣，2004；黄文贵，2009；YAO，2000）。非农就业经历和预期非农就业收入对流转意愿的影响最为显著，特别是在非农就业比例较低的地区（胡初枝、黄贤金，2008），但是相关方向并不是固定的。由家庭存款、绝对收入和信贷水平三个方面体现的家庭经济条件对乡村居民流转意愿具有较高程度的影响，并呈正相关关系（钱文荣，2004；张丁、万蕾，2007）。

　　近二十年的农村居民点整治试点有成功和失败的不同结果（Chen and Cheng，2007；谷晓坤等，2010，2014）。符合乡村发展特点、尊重乡村居民意愿的农村居民点整治模式将赢得乡村居民的支持，并能由此找到一条适合当地农村发展的道路（刘彦随等，2010）。然而，20世纪90年代以来，在快速的城市化作用和城乡作用力交织碰撞下，中国都市郊区乡村的生活、生产、文化、景观等功能发生了巨大变化，乡村空间分异和农民分化交织形成的复杂性，导致基于乡村功能更新理念的农村居民点整治模式落到实处尤为困难，这正是该领域未来研究的重点和难点问题。

7.1.2　"政策—家庭资源禀赋"的双层影响机理分析框架

　　乡村居民对政府政策的行为反应遵循需求—动机—行为—目标的顺序。因此，科学的决策需要综合反映农民的态度以及其他任何会影响农民行为决策的因素。基于农村居民点整治中乡村居民意愿的复杂性和特殊性考虑，本研究建立构建了"政策—家庭资源禀赋"的双层驱动分析框架，即居民对乡村空间重构的响应意愿受到政策和家庭资源禀赋两个因素的影响。

首先，乡村空间重构政策对乡村居民响应意愿产生直接影响。我国将农村居民点整治目标定位为改善农民生产、生活条件和农村生态环境，体现更多的是社会收益。因此，农村居民点整治作为具有成本内化、效益外溢特征的公共性活动，必然是由地方政府主导的。农村居民点是村民生产和生活聚集的场所，而现行的整治政策也主要围绕改善农村和农民的生产与生活条件进行设计，涉及安置补偿条件、农业生产、非农就业、基础设施、公共设施、社会保障、生活方式等方面。由于我国现行的农村居民点整治是乡村居民在政府特定政策引导之下产生的，因此，乡村居民对农村居民点整治为自身带来的生产、生活环境的预期变化，即乡村居民视角的预期效应，必然会对其整治意愿产生相应的影响。整治补偿政策又与区域耕地占补平衡的压力大小以及城市化驱动因素及农村经济社会发展的驱动因素紧密相关。

其次，假设在政策稳定且相同的前提下，居民响应意愿的不同则来源于家庭资源禀赋的差异。一般认为，年龄、性别、学历、务农人口占家庭总人口之比、非农收入占家庭总收入之比、是否参保等是对乡村居民整治意愿影响最为普遍的方面。另外，从土地利用现状的角度来看，在丘陵山地地区，人均耕地少且地块细碎，农业经营收益低，农民转出土地的意愿很强，进而农民更愿意参与宅基地置换。而地形越平坦，越容易与其他耕地连成片的地区，其农民也愿意接受土地调整，参与宅基地置换。现状宅基地的利用特征也对乡村居民意愿产生显著影响。有的研究认为，乡村居民现有宅基地面积越大，乡村居民越不愿意参与宅基地腾退。乡村居民的新建房需求也对宅基地置换有重要的影响，建新房要求越强烈的乡村居民参与宅基地腾退的积极性越高。

理论上，可以把对乡村居民意愿影响的过程剥离成"政策"与"家庭资源禀赋"两个阶段，如图7-1(b)所示。在政策影响阶段，农村居民点整治目标、整治对象、补偿方式和标准、安置区位与方式等政策因素的不同组合

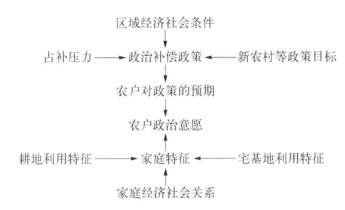

图7-1(a)　乡村居民意愿"政策—家庭资源禀赋"双层影响机理示意

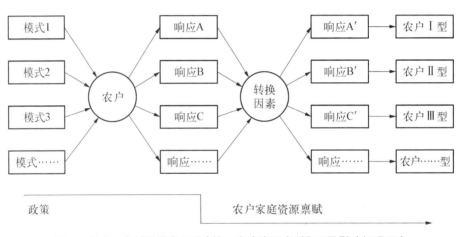

图7-1(b)　乡村居民意愿"政策—家庭资源禀赋"双层影响机理示意

方式,可表现为多种整治模式,如图7-1(b)所示的模式1、模式2、模式3、模式……而特定区域乡村居民对不同整治模式的响应意愿是有差异的(响应方式A、响应方式B、响应方式……);在家庭资源禀赋影响阶段,乡村居民响应经过家庭特征及资源禀赋等转换因素的影响,其响应意愿发生变异,不同家庭资源禀赋的乡村居民类型表现出各具特征的响应方式(响应方式A′、响应方式B′、响应方式……)。

7.1.3　政策预期效应对乡村居民意愿的影响机理

在农村居民点整治中,我们把乡村居民预期效应定义为乡村居民就农村居民点整治对其生产、生活影响的预判。在假设乡村居民对农村居民点整治的相关政策信息全部了解的前提下，他们参与整治的意愿和行为，会受到他们预期农村居民点整治将会带来什么结果所支配。国外相关研究证明，农村居民点整治的效应包括居民居住环境、土地权益及收入、就业机会、社会保障以及心理归属等方面的变化。根据本研究对长三角农村居民点整治试点区域的乡村居民的长期跟踪研究发现，我国乡村居民对于农村居民点整治的预期效应与国外居民存在一定的差异，即我国乡村居民更偏重于居住条件、收入、就业机会等"有形"影响，而对权益、心理等"无形"影响的认知普遍较为模糊。农村居民点是村民生产和生活聚集的场所，而现行的整治政策也主要围绕改善农村和农民的生产与生活条件进行设计，涉及安置补偿条件、农业生产、非农就业、基础设施、公共设施、社会保障、生活方式、人际环境8个方面。

依据整治前后生产与生活条件变化的8个方面及其产生的积极或消极影响，从预期动力与预期压力两个角度，确定农村居民整治中乡村居民预期效应的构成因素。通过农民参与农村居民点整治前后其福利的功能性变化，度量政策对农民意愿的影响。

预期动力效应指农村居民点整治可能给乡村居民带来的好处，用集中居住后农民福利的增加来表示。考察现行农村居民点整治政策的设计，不难发现，相关的政策主要围绕着两个方面：给予农民合理的安置补偿，以及与新农村建设相结合，通过集中居住提高农民的生活便利性。因此，预期动力效应产生的因素包括提供更方便的交通，配套更完善的基础设施（水、电、通信、煤气/燃气/沼气、垃圾处理），提供更好的医疗服务，配套更完备的幼儿园和中小学设施，提供更完善的商业服务，提供更完善的娱乐文化设施，政府提供非农就业机会和社会保险8个方面。

预期压力效应指乡村居民参与农村居民点整治需要克服的阻力，用集中居住后农民福利的损失来表示。在中国城乡格局快速变化的大背景下，农村居民点整治对农民的影响不仅包括失去宅基地这一基本的生活资料，而且还包括对他们生产方式的冲击，以及强制性的城市化给他们的心理带来的刺激。预期压力效应产生的因素包括新地方的物价高（生活成本增加），到家里的承包地种地不方便，不适应城镇的生活方式，与周围的邻居都不熟悉,到新地方会对工作造成不便和买房或建房的资金不足6个方面。

7.1.4 补偿标准对乡村居民意愿的影响机理

政府支付力与农民意愿是农村居民点整治成功的两个关键因素。宅基地退出补偿标准是决定农民意愿的首要因素,补偿标准的提高对农民意愿产生最直接的影响作用,但是补偿标准同时也受到政府支付能力的限制。可以通过绘制"政府支付力与农民意愿变化示意图"来分析补偿标准与农村居民点整治成功实施的关系。如图7-2所示,当补偿标准处于Ⅱ级时,政府支付力较强且农民意愿较高,适宜开展农村居民点整治(类似于嘉兴案例);当补偿标准提高到Ⅲ级时,虽然农民意愿度非常高,但政府支付力却已超过了临界值,实施整治项目的难度非常大(类型于上海案例);当补偿标准降低至Ⅰ级时,农民意愿度低于最低意愿度,不适宜开展整治,否则极易引发"被上楼"式的土地冲突。因此,都市郊区农村居民点整治成功实施所需要的补偿标准,应当是政府支付力与农民意愿相互匹配时对应的补偿标准。这个补偿标准并不是一个单一的常量,而是具有上下界限的变化区间(见图7-2)。

一般来看,宅基地退出后置换的建设用地指标将转换为城市产业用地,产业发展能为城市提供长期的经济收益,并因置换区域不同而使收益出现巨大差异。在这一过程中,政府支付力主要随土地置换增值收益的增加而提高。一方面,在城乡建设用地增减挂钩政策的刚性约束下,土地置换增值收益具有

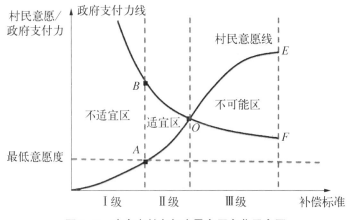

图7-2 政府支付力与农民意愿变化示意图

一个可实现的最高上限,这可作为补偿标准的上限。另一方面,现行的土地制度改革精神要求宅基地退出补偿首先要确保农民的居住条件不降低。依据居住权理论,都市郊区农村居民点整治作为政府引导下的农民居住地的转移,政府有义务为农民在新居住区确保居住权。因此,确保农民居住条件不降低的资金保障,是对农民宅基地补偿的最低要求,也即补偿标准的下限。

在上述分析的基础上,通过绘制"宅基地退出标准与适宜度曲线示意图",搭建了补偿标准核算的初步理论架构:依据宅基地产权理论和土地增值收益分享理论,以政策刚性约束下的最高政府支付力作为补偿上限;依据居住权理论和公平理论,以保障居住条件与赔偿福利损害为原则确定补偿下限。如图7-3所示,两条虚线分别代表了宅基地退出补偿的上限和下限;在补偿适宜区内,实际补偿标准可以在上下限之间调整,而补偿标准的最优点则通过农民边际意愿效应来确定,代表政府支付力与农民意愿的最佳匹配方案。

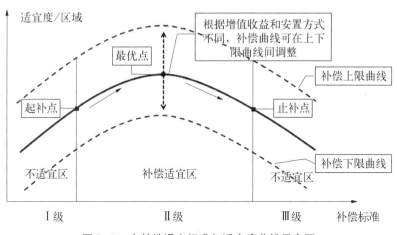

图7-3　宅基地退出标准与适宜度曲线示意图

7.1.5　家庭资源禀赋对乡村居民意愿的影响机理

将家庭资源禀赋分为家庭人力资本、家庭物质资本和家庭自然资本三个方面。其中,家庭人力资本指家庭类型、家庭规模及家庭成员通过对教育投资而获得的知识与技能的积累,主要以家庭人口、家庭类型和家庭成员受教育情况来表示;家庭物质资本反映的是家庭的经济状况与经济能力,主

要以家庭收入来表示;家庭自然资本指家庭拥有的可供其开发利用并创造
价值的自然资源,用乡村居民户均宅基地面积和房屋建筑面积表示。

7.2 数据来源与样本特征 ▶▶

7.2.1 数据来源

研究数据来源于笔者2015年上半年对青浦区的实地调研。为保证样
本的典型性和代表性,调查采取多阶段重点调查与随机抽样调查相结合的
方式。首先在辖区8个镇域内各随机选取2个典型行政村,主要包括特色村
庄、经济较发达村庄、经济欠发达村庄以及经济中等类型的村庄,共选出16
个村;然后在每个样本村中随机选择40～50户乡村居民完成调查。

调查采用入户访问的方式,由调查人员在不事先通知、村干部不在场的
情况下随机选取被调查乡村居民家庭的一位成年家庭成员进行调查。调查
人员根据问卷提问,随时解答乡村居民的疑惑,并填写问卷。调查共计发放
问卷495份,回收问卷495份。其中,有效问卷485份,无效问卷10份,问卷
有效率为97.98%。样本乡村居民的分布情况如图7-4所示。

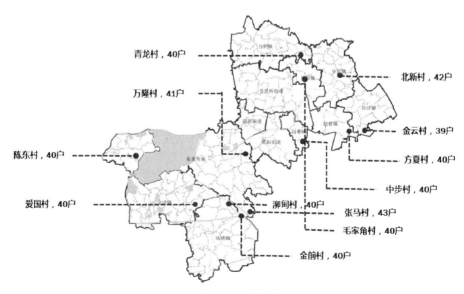

图7-4　样本乡村居民分布情况

7.2.2　样本的基本特征

表7-1反映的是样本乡村居民的主要特征。总体而言,样本乡村居民以50岁以上且具有初中及以下文化程度的男性为主(50岁以上的乡村居民占样本总量的69.70%,72.99%的乡村居民的学历在初中及以下),这与目前我国农村留守乡村居民年龄较大、文化程度整体偏低的现实状况一致。从其家庭特征来看:① 大约90%的乡村居民家庭人口在5人及以下;② 几乎所有的家庭都

表7-1　调查样本的基本情况描述

类型	选项	人数	比例/%	类型	选项	人数	比例/%
性别	男	297	61.24	家庭年收入	1万~3万元(不含3)	47	9.69
	女	188	38.76		3万~5万元(不含5)	75	15.46
年龄	29岁以下	15	3.09		5万~8万元(不含8)	108	22.27
	30~39岁	65	13.40		8万元及以上	255	52.58
	40~49岁	67	13.81	家庭类型	单身(未婚、离异或丧偶)	10	2.06
	50~59岁	145	29.90		单身+子女	11	2.27
	60岁以上	193	39.80		夫妻	68	14.02
文化程度	小学	126	25.98		夫妻+子女	126	25.98
	初中	182	37.53		大家庭	270	55.67
	高中	90	18.56	宅基地面积	0.3亩以下(不含0.3)	343	70.72
	大学及以上	41	8.45		0.3~0.5亩(不含0.5)	108	22.27
	未接受教育	46	9.48		0.5~1亩(不含1)	26	5.36
家庭人口	3人以下	79	16.29		1亩及以上	8	1.65
	3~5人	357	73.61				
	5人以上	49	10.10				
家庭是否参保	是	484	99.79				
	否	1	0.21				

参加了保险,如农村合作医疗、小城镇社会保险、最低社会保障金、失业保险、养老保险等;③ 家庭类型主要是大家庭,占比高达55.67%;④ 家庭年收入在8万元以上的乡村居民较多,占比为52.58%,有9.69%的乡村居民家庭年收入不到3万元;⑤ 大部分家庭的户均宅基地面积都小于0.5亩(占比为92.99%)。

7.2.3　样本的宅基地特征

在调研过程中,受访乡村居民的宅基地建筑面积在500平方米及以下的占到了99%,400平方米及以下的占到了95.7%,300平方米及以下的占到了84.7%,200平方米及以下的占到了60.2%,大部分乡村居民的宅基地建筑面积在200平方米以内。

2018年中央一号文件指出,完善农民闲置宅基地和闲置农房政策,探索宅基地所有权、资格权、使用权"三权分置",落实宅基地集体所有权,保障宅基地乡村居民资格权和农民房屋财产权,适度放活宅基地和农民房屋使用权,不得违规违法买卖宅基地,严格实行土地用途管制,严格禁止下乡利用农村宅基地建设别墅大院和私人会馆。在符合土地利用总体规划的前提下,允许县级政府通过村土地利用规划,调整优化村庄用地布局,有效利用农村零星分散的存量建设用地;预留部分规划建设用地指标用于单独选址的农业设施和休闲旅游设施等方面建设。对利用收储农村闲置建设用地发展农村新业态的,给予新增建设用地指标奖励,进一步完善设施农用地政策。

目前,青浦区各行政村的宅基地多分散分布,不利于土地资源的集中、节约利用,也不利于公共基础设施和农村生活设施的配置,在资源上造成浪费;乡村居民宅院建筑风格各异,不利于村容村貌的整治;分散的斑块也影响了农村整体的景观格局。但是,关于宅基地退出的机制,要充分尊重农民的意愿,切实保障农民的利益,不可盲目推进,避免造成侵犯农民权益的事件发生。在引入退出机制之前,如何量化宅基地现有价值,使之符合农民心中的期望值,是宅基地改革面临的难题。2015年,上海交通大学就485户乡村居民对宅基地价格的期望值做了调查,结果如图7-5所示。

在受访的485户乡村居民中,有198户乡村居民表示不清楚、不知道政策,或者愿意听从政府安排;有2户表示不卖;剩余285户均给出各自的期

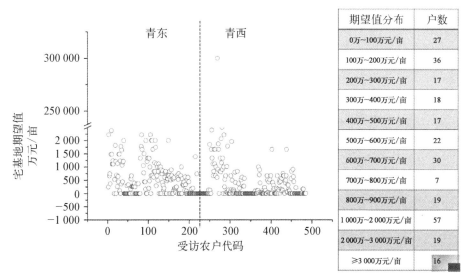

图7-5　485户受访乡村居民（有效数据267户）宅基地期望值分布情况

资料来源：上海交通大学.青浦区乡村发展调查报告[R].2015.

望值。在给出期望价格的乡村居民中，有接近1/3的乡村居民提出了每亩赔偿1 000万元以上的天价。实现农民期望值与政府财政负担之间的平衡，显然是宅基地动迁工作所面临的巨大难题，农民的动迁期望值过高也是上海农村地区宅基地退出工作难以推进的重要原因。

7.2.4　宅基地退出意愿影响因素

影响乡村居民搬迁意愿的因素（包括正向和负向）其影响程度各有不同。调研对可能影响乡村居民搬迁意愿的因子的重要度做出了分析，其中1分表示不重要，2分表示不怎么重要，3分表示一般，4分表示比较重要，5分表示很重要。

计算方法如下：∑各因素项得分/受访乡村居民数。每项因子重要度越高，说明对乡村居民搬迁意愿的影响力度越大。正向因素得分高的选项，是未来新居建设工作的重点；而负向因素得分高的选项，将是未来农民搬迁工作中要解决的难点。

各项正向因素的重要度均达到3分以上，其中交通、基础设施、医疗和教育的可达性是农民最关心的问题，其次是商业、娱乐设施以及保险问题。

负向因素的重要度得分显示农民对买房资金、生活成本和新房样式比较在意,其中买房资金问题对农民搬迁意愿的影响尤为重要,所以资金赔偿工作依然将是搬迁工作的重点和难点。

7.3　乡村空间更新的居民响应机制 ▶▶

7.3.1　计量模型构建与变量说明

根据上述理论分析,建立如下乡村居民参与农村居民点整治意愿的实证模型:

乡村居民参与居民点整治意愿 = F(乡村居民的预期效应,居民点整治补偿标准,乡村居民家庭资源禀赋)+随机扰动项

问卷以"您愿意把宅基地交还给村里,换一定的补偿吗"调查了乡村居民的整治意愿,包括"特别愿意""比较愿意""愿意""不愿意"和"特别不愿意"5个选项,其描述性统计结果如表7-2所示。从表7-2中可以看出,在样本乡村居民中,选择"特别愿意"的乡村居民有81户,占总样本的16.70%;选择"比较愿意"的乡村居民有71户,占比为14.64%;选择"愿意"的乡村居民有186户,占比最高,为38.35%,前3项意愿选择的累积百分比接近70%,说明在目前的社会发展环境下,大多数乡村居民都愿意参与居民点整治。选择"不愿意"的乡村居民共计102户,占样本乡村居民的21.03%,选择"特别不愿意"的乡村居民有45户,对参与居民点整治持极度否定的态度。

表7-2　乡村居民农村居民点整治意愿的统计结果

参与意愿	特别愿意	比较愿意	愿意	不愿意	特别不愿意
频率	81	71	186	102	45
百分比	16.70%	14.64%	38.35%	21.03%	9.28%
累积百分比	16.70%	31.34%	69.69%	90.72%	100%

根据乡村居民参与居民点整治意愿的基本情况及已有相关研究成果，当被解释变量（也即因变量）为离散型变量，类别在三类及以上，且各类别之间存在选择的程度序次关系时，可以在分析时采用多元有序Logistic模型。具体模型设定如下：

$$y^*=X\beta+\varepsilon$$

式中，y^*为一个无法观测的潜变量，它是与因变量对应的潜变量；X为一组自变量；β为相应的估计参数；ε为服从逻辑分布（Logistic Distribution）的误差项。y^*与y的关系如下：

$$\begin{cases} y = 1,若\ y^* \leqslant \mu_1 \\ y = 2,若\ \mu_1 < y^* \leqslant \mu_2 \\ \qquad\vdots \\ y = j,若\ \mu_{j-1} < y^* \end{cases}$$

式中，$\mu_1 < \mu_2 < \cdots < \mu_{j-1}$，表示通过估计获得的临界值或阈值参数。给定$X$时的因变量$y$取每一个值的概率如下：

$$\begin{cases} P(y = 1 \mid X) = P(y^* \leqslant \mu_1 \mid X) = P(X\beta + \varepsilon \leqslant \mu_1 \mid X) = \Lambda(\mu_1 - X\beta) \\ P(y = 2 \mid X) = P(\mu_1 < y^* \leqslant \mu_2 \mid X) = \Lambda(\mu_2 - X\beta) - \Lambda(\mu_1 - X\beta) \\ \qquad\qquad\qquad\qquad\vdots \\ P(y = j \mid X) = P(\mu_{j-1} < y^* \mid X) = 1 - \Lambda(\mu_{j-1} - X\beta) \end{cases}$$

式中，$\Lambda(\ \cdot\ )$为分布函数。有序Logistic模型的参数估计采用极大似然估计法（Maximum Likelihood Method），主要运用的软件包括SPSS 20.0和Stata 13.0。

在构建乡村居民参与居民点整治意愿的影响因素计量经济模型时，结合前文的理论分析及问卷调查情况，形成如表7-3所示的变量情况说明。

表7-3　模型变量定义及描述性统计

变量名称（单位）	变量代码	变量含义	均值	标准差
因变量				
乡村居民参与农村居民点整治的意愿	y	特别愿意=1；比较愿意=2；愿意=3；不愿意=4；特别不愿意=5	2.92	1.180
自变量				
预期效应	X_1			
交通更加方便	JJ	不重要=1；不怎么重要=2；一般=3；比较重要=4；很重要=5	4.62	0.777
基础设施更加完善	JC	同上	4.60	0.759
可以享受更好的医疗服务	YL	同上	4.53	0.770
幼儿园中小学更完善	XX	同上	4.19	1.098
商业服务更完善	SY	同上	3.63	1.029
娱乐文化设施更完善	YL	同上	3.54	1.114
可以帮助落实工作	GZ	同上	3.15	1.342
可以参加保险	BX	同上	3.36	1.344
物价高，生活成本增加	CB	同上	3.55	1.188
到承包地种地不方便	ZD	同上	1.96	1.202
不适应城镇的生活方式	CZ	同上	2.85	1.343
与周围的邻居都不熟悉	LJ	同上	2.78	1.313
到新地方对工作造成不便	DF	同上	2.86	1.304
买房或建房的资金不足	ZJ	同上	4.16	1.014
补偿标准	X_2	方案1=1；方案2=2；方案3=3；方案4=4；方案5=5	3.19	1.334
安置补偿方案	BC			
家庭资源禀赋	X_3	单身（未婚、离异或丧偶）=1；单身+子女=2；夫妻=3；夫妻+子女=4；大家庭=5	4.31	0.938
家庭类型	LX			
家庭人口（人）	RK	3人以下（不含3）=1；3～5人=2；5人以上=3	1.94	0.517

（续表）

变量名称（单位）	变量代码	变量含义	均值	标准差
主要人口的文化程度	WH	小学=1；中学=2；高中=3；大学及以上=4；未接受教育=5	2.38	1.223
家庭收入（万元/年）	SR	1~3（不含3）=1；3~5（不含5）=2；5~8（不含8）=3；8~10（不含10）=4；10及以上=5	3.57	1.391
家庭宅基地面积（亩）	ZJD	0~0.3（不含0.3）=1；0.3~0.5（不含0.5）=2；0.5~1（不含1）=3；1亩及以上=4	1.35	0.620
家庭建筑面积（m²）	JZ	0~100（不含100）=1；100~200（不含200）=2；200~300（不含300）=3；300~400（不含400）=4；400及以上=5	2.81	0.999

7.3.2　预期效应对乡村居民意愿的影响

由于预期效应评价项目众多，本部分首先利用因子分析法提取关键性因素，排除原有变量之间的共线性，然后再进行多元有序 Logistic 模型处理。

为了检验因子分析的适用性和有效性，对原始数据进行 KMO 检验和 Bartlett 球形度检验：KMO 值越接近 1，表示越适合做因子分析；而在 Bartlett 球形度检验中，如果 Sig 值为 0，表示变量之间存在相关关系且适合做因子分析。表 7-4 反映的是对预期效应因素进行的适合性检验结果，KMO 统计量为 0.761，Bartlett 球形检验的显著性水平为 0.000，在 1% 的水平上显著，意味着原始预期效应因素适合进行因子分析。

表 7-4　KMO 和 Bartlett 的检验结果

取样足够度的 Kaiser-Meyer-Olkin 度量		.761
Bartlett 的球形度检验	近似卡方	2 024.814
	df	91
	Sig.	0.000

表7-5反映的是利用最大方差法对因子进行正交旋转后得到的因子载荷结果,剔除因子载荷低于0.5的因子后,最终有12个因子被归类到预期动力和压力效应两个公因子中(x_{a4}和x_{a10}除外)。在预期动力效应因子中,x_{a2}和x_{a7}的因子载荷大于0.6,分别对应"基础设施更完善"和"可以帮助落实工作",意味着乡村居民在考虑居民点整治与否时,基础设施和就业机会是主要的预期动力影响因子,通勤、医疗、商业、文娱设施等则是次要的预期动力影响因子。在预期压力效应因子中,x_{a11}和x_{a12}的因子载荷大于0.6,分别对应"与周围的邻居都不熟悉"和"到新地方会对工作造成不便",说明乡村居民在参与居民点整治意愿上,生活环境和工作环境的变化是主要的预期压力因素,其他因素的影响相对较小。

表7-5　预期效应的因子分析结果

因素	载荷	因素	载荷	因素	载荷	因素	载荷	因素	载荷
x_{a1}	0.528	x_{a4}	0.464	x_{a7}	0.655	x_{a10}	0.405	x_{a13}	0.558
x_{a2}	0.641	x_{a5}	0.562	x_{a8}	0.509	x_{a11}	0.886	x_{a14}	0.672
x_{a3}	0.511	x_{a6}	0.563	x_{a9}	0.559	x_{a12}	0.860		

鉴于仅就预期效应因素的影响程度进行调查,乡村居民极有可能对每一项因素都赋予较高的评分,但是乡村居民自述的重要预期效应是否真的会影响到其参与农村居民点整治的意愿?自述重要预期效应因素是否与实际关键影响因素一致?为解决这些问题,将上文因子分析法保留的12个因子纳入Logistic回归分析,回归结果如表7-6所示。

从模型拟合优度检验的参考指标来看,chi^{2}对应的显著性水平为0.000 0,Pseudo R^2=0.037 4,意味着有序Logistic模型估计结果整体上较为理想。农村居民点整治意味着乡村居民生活空间和环境的变化,在这一变化过程中,乡村居民的经济状况的波动将直接决定其整体感受,而稳定的工作环境与回报是决定其经济状况的重要基础,从表7-6可以看出,"可以帮助落实工作"正向影响乡村居民参与居民点整治的意愿,且在10%的水平上显著,回归系数为0.131 893 3,与理论层面的判断保持一致。同时,"与周围的邻

居都不熟悉"显著负向影响乡村居民参与居民点整治的意愿,回归系数为
−0.337 104 2,意味着搬迁到中心村或城镇后的生活环境将会对乡村居民参
与整治意愿产生很大的影响。

表7-6 乡村居民预期效应对居民点整治意愿影响的Logistic模型回归结果

自变量	系 数	标准误	Z值	95%可信区间	
交通更加方便(JJ)	−0.180 366 2	0.138 299 3	−1.30	−0.451 427 8	0.090 695 5
基础设施更加完善(JC)	−0.026 143 1	0.147 647 9	−0.18	−0.315 527 8	0.263 241 5
可以享受更好的医疗服务(YL)	−0.118 883 1	0.124 906 2	−0.95	−0.363 694 8	0.125 928 7
商业服务更完善(SY)	0.139 221 5	0.102 276 8	1.36	−0.061 237 3	0.339 680 2
娱乐文化设施更完善(YL)	0.026 981 1	0.097 493 5	0.28	−0.164 102 5	0.218 064 8
可以帮助落实工作(GZ)	0.131 893 3*	0.078 514 9	1.68	−0.021 993 2	0.285 779 7
可以参加保险(BX)	−0.118 704	0.080 678 8	−1.47	−0.276 831 6	0.039 423 6
物价高,生活成本增加(CB)	0.064 046 1	0.087 206 7	0.73	−0.106 875 8	0.234 968 1
不适应城镇的生活方式(CZ)	0.063 924 5	0.105 903 7	0.60	−0.143 643	0.271 492
与周围的邻居都不熟悉(LJ)	−0.337 104 2***	0.109 942 3	3.07	0.121 621 2	0.552 587 2
到新地方对工作造成不便(DF)	−0.007 352	0.078 048 1	−0.09	−0.160 323 4	0.145 619 4
买房或建房的资金不足(ZJ)	0.110 961 5	0.090 686 5	1.22	−0.066 780 9	0.288 703 8
临界值1	−0.795 515 5	0.723 001 7		−2.212 573	0.621 541 7
临界值2	0.075 959 6	0.718 652 2		−1.332 573	1.484 492
临界值3	1.824 747	0.720 456 8		0.412 678	3.236 817
临界值4	3.359 763	0.738 501		1.912 328	4.807 199

（续表）

自变量	系　数	标准误	Z值	95%可信区间
LR chi^2			54.16	
Prob＞chi^2			0.000 0	
Pseudo R^2			0.037 4	

注：***、**和*分别表示在1%、5%和10%的水平上显著。

7.3.3　补偿标准对乡村居民意愿的影响

设计5种搬迁补偿方案供乡村居民选择，如表7-7所示。方案1：维持现状；方案2：中心村宅基地置换，本地从事农业生产，享受农保；方案3：镇商品房置换，土地流转给集体，享受农保；方案4：镇商品房置换，土地退换集体，享受政府补贴和镇保；方案5：货币置换，土地退还集体，享受社保。

问卷以"假设您搬到中心村或城镇居住，政府提供几种不同的补偿方式，勾选您对下列各种补偿方式的喜好程度"调查了乡村居民的安置补偿方式选择。表7-8反映的是样本乡村居民的补偿方案选择结果。

表7-7　乡村居民参与农村居民点整治的安置补偿方案

项　目	方案1	方案2（村庄整治）	方案3（城乡统筹）	方案4（城乡统筹）	方案5（征地）
身份变化	农民	农民	农民	镇民	市民
安置地点	现状	中心村	本镇或邻近镇	本镇或邻近镇	新城
置换方式	现状	1块宅基地	1套商品房	1套商品房	全部货币
补偿金额	0	政府补贴20万元	政府补贴20万元	政府补贴80万元	政府补贴150万元
配套福利	现状	农保	农保	镇保	有社保
农地流转	现状	家庭农场	流转给集体经营	农地退还集体	农地退还集体
村集体收益分享	现状	分红	分红	无	无

　　如表7-8所示,选择方案2的乡村居民最多,共有151人,占总样本的比重为31.13%;其次是方案4和方案5,乡村居民的数量分别为113人和110人,占比分别为23.30%和22.68%。与其他方案相比,方案4和方案5的主要区别在于乡村居民身份的变化,由农民向镇民或市民转变,其他福利主要包括不同规模的货币补偿或住房补偿等。选择方案1的乡村居民最少,共有44人,占比不到10%,表明当政府没有给予足够的经济激励及其他配套措施时,乡村居民参与农村居民点整治的意愿并不强烈。

表7-8　乡村居民参与居民点整治的安置补偿方案选择结果

补偿方案	方案1	方案2	方案3	方案4	方案5
频数	44	151	67	113	110
百分比	9.07%	31.13%	13.81%	23.30%	22.68%
累积百分比	9.07%	40.21%	54.02%	77.32%	100%

表7-9　补偿标准对居民点整治意愿影响的 Logistic 模型回归结果

y^a		回归系数(B)	标准误差	Wald	Exp(B)	Exp(B)的置信区间95%	
						下限	上限
1	截距	2.442***	0.737	10.976			
	[BC=1]	−5.620***	1.259	19.928	0.004	0.000	0.043
	[BC=2]	−1.749**	0.833	4.412	0.174	0.034	0.890
	[BC=3]	−0.708	0.967	0.535	0.493	0.074	3.281
	[BC=4]	−1.238	0.872	2.017	0.290	0.052	1.601
	[BC=5]	0^b	—	—	—	—	—
2	截距	2.442***	0.737	10.976			
	[BC=1]	−4.234***	0.914	21.467	0.014	0.002	0.087
	[BC=2]	−1.654**	0.830	3.970	0.191	0.038	0.973
	[BC=3]	−1.462	1.001	2.132	0.232	0.033	1.649
	[BC=4]	−1.595*	0.884	3.255	0.203	0.036	1.148
	[BC=5]	0^b	—	—	—	—	—

（续表）

y^a	回归系数（B）	标准误差	Wald	Exp（B）	Exp（B）的置信区间95%	
					下限	上限
3	截距	3.091***	0.723	18.278		
	[BC=1]	−4.660***	0.874	28.405	0.009	0.002	0.053
	[BC=2]	−1.368*	0.800	2.923	0.255	0.053	1.222
	[BC=3]	−0.788	0.943	0.699	0.455	0.072	2.886
	[BC=4]	−0.951	0.842	1.276	0.386	0.074	2.012
	[BC=5]	0^b	—	—	—	—	—
4	截距	2.197***	0.745	8.690		
	[BC=1]	−3.073***	0.835	13.542	0.046	0.009	0.238
	[BC=2]	−0.739	0.824	0.804	0.478	0.095	2.402
	[BC=3]	−1.099	1.000	1.207	0.333	0.047	2.366
	[BC=4]	−0.898	0.876	1.050	0.407	0.073	2.269
	[BC=5]	0^b	—	—	—	—	—

注：① 参考类别为5；② 因为此参数冗余，所以将其设为0；***、**和*分别表示在1%、5%和10%的水平上显著。

　　表7-9反映的是不同安置补偿方案对乡村居民参与居民点整治意愿影响的计量分析结果，以y=5为参照，各种补偿方案均对乡村居民参与居民点整治意愿产生负面影响，且在不同意愿情况下的显著性状况也存在较大差异。其中，方案1在不同的意愿情况下都在1%的水平下显著，回归系数为负值，可能的原因在于目前乡村居民已有的居民点若能够给他们带来持续的资产性收益，他们往往也不会愿意参与居民点整治以获得补偿。但是从现实情况来看，若现有居民点不能用于有效增加乡村居民经济收益的其他用途或处于闲置状态，乡村居民实际上也倾向于参与居民点整治，而且，多元化的补偿方案，如综合运用现金、住房及其他社会保障等多种措施，能够有效激励乡村居民参与到居民点整治的过程中。

7.3.4　家庭资源禀赋对乡村居民意愿的影响

以乡村居民参与居民点整治的意愿为被解释变量，以家庭资源禀赋为解释变量，建立多元有序 Logistic 回归模型，回归结果如表 7-10 所示。模型的卡方检验统计量为 24.06，对应 P 值为 0.000 5，表明模型的有效性十分显著。

表 7-10　家庭资源禀赋对居民点整治意愿影响的 Logistic 模型回归结果

自变量	系　数	标准误差	Z 值	95% 可信区间	
家庭类型（LX）	0.258 760 9**	0.102 234	2.53	0.058 385 9	0.459 136
家庭人口（RK）	−0.014 924 8	0.182 921	−0.08	−0.373 443 3	0.343 593 7
主要人口文化程度（WH）	0.125 657 7*	0.066 860 3	1.88	−0.005 386 1	0.256 701 5
家庭收入（SR）	0.071 048 1**	0.068 802 3	−1.03	−0.205 898 1	0.063 802
家庭宅基地面积（ZJD）	−0.065 998 9	0.145 161 7	−0.45	−0.350 510 6	0.218 512 9
家庭建筑面积（JZ）	0.297 400 5**	0.093 983 5	3.16	0.1 131 962	0.481 604 8
临界值 1	0.206 089 4	0.492 032 6		−0.758 276 7	1.170 455
临界值 2	1.042 509	0.489 545 1		0.083 018	2.002
临界值 3	2.725 609	0.504 531 9		1.736 745	3.714 474
临界值 4	4.219 747	0.527 689 2		3.185 495	5.253 999
LR chi^2	24.06				
Prob $>$ chi^2	0.000 5				
Pseudo R^2	0.016 6				

注：***、**和*分别表示在 1%、5% 和 10% 的水平上显著。

（1）家庭人力资本禀赋对乡村居民参与居民点整治意愿的影响。家庭类型对乡村居民参与居民点整治产生了比较显著的正向效应，从表 7-10 可以看出，LX 在 5% 的水平上显著，回归系数为 0.258 760 9。家庭类型的不同使得乡村居民在居民点整治过程中的顾虑存在明显差异，如"夫妻+子女"的家庭会考虑到整治后的基本生活状况、子女教育状况等很多方面的内容，而"单身"家庭顾虑的因素则相对较少。家庭人口的系数为负且没有通过显著性检验，可能的原因在于家庭人口越多，形成一致决策的概率越小，乡村居民越倾向于不退出，且人口数量对乡村居民的生产、生活具有规模效益，形成乡村对乡村居民的拉力，使其不愿意参与居民点整治工作。主要家庭成员的文化程度也显著正向影响乡村居民参与居民点整治的意愿，其回归系数为 0.125 657 7，在 10% 的水平上显著。乡村居民受教育程度越高，自我学习能力越强，对居民点整治相关政策的理解也越透彻，往往也具有较强的大局意识与集体观，更愿意参与到居民点整治中，若建立完善的居民点整治保障机制，他们也能够更容易适应新生活。

（2）家庭物质资本禀赋对乡村居民参与居民点整治意愿的影响。家庭经济收入是家庭经济实力的重要表征。物质资本越丰富的家庭，抵抗一些具有风险性活动的能力更强，而且他们也愿意去尝试一些新事物或接受新政策。从表 7-10 所显示的结果来看，*SR* 对乡村居民参与居民点整治的意愿具有明显的正向影响，回归系数为 0.071 048 1，在 5% 的水平上显著。通常来说，经济收入高的家庭往往具有更强的购买力和更高的购房需求，在城镇的生活能力也越强，特别是在目前乡村居民兼职化越来越普遍的情况下，乡村居民的主要经济来源已经开始向非农产业转移，而且由于农业生产的收入低、稳定性差，对农村土地的依赖性相对较弱，使得他们不用太担心居民点整治后的生活问题，因而更愿意参与到居民点整治工作中。

（3）家庭自然资本禀赋对乡村居民参与居民点整治意愿的影响。从表 7-10 来看，家庭宅基地面积负向影响乡村居民参与居民点整治的意愿，但是并不具有统计学意义。现有宅基地面积较大的农民，可能是农村中相对富裕的群体，他们退出宅基地、参与居民点整治的机会成本较高，即使参与居民点整治能获得丰厚的经济补偿，但只要他们预期参与后的生活水平低于参与前的生活水平，他们就不愿意参与到居民点整治过程中，也有一些乡村居民把宅基地当作财富和生活的最后保障，也不太愿意退出宅基地进行综合整治。家庭建筑面积显著正向影响乡村居民参与意愿，其回归系数为 0.297 400 5,在 5% 的水平上显著。房屋建筑面积越大,意味着房屋的建造成本越高,但是也意味着参与整治后能够获得的补偿金额也更高,能够在一定程度上促使乡村居民参与居民点整治,特别是对于那些房屋修建时间较长的乡村居民而言,由于房屋可能存在的居住环境恶劣、公共基础设施落后等现象,他们往往有着改善生活品质的急切需求,因而他们参与居民点整治的意愿也会比较强。

7.4　促进乡村居民参与空间治理的建议 ▶▶

本章从理论上构建了乡村居民参与农村居民点整治的"政策—家庭资源禀赋"双层影响模型,假设乡村居民参与农村居民点整治的意愿受到预期效应、补偿标准和家庭资源禀赋等多重因素的共同影响。根据青浦区 485份居民调查数据的计量分析结果显示,"可以帮助落实工作"正向影响乡村居民参与整治的意愿,而"与周围的邻居都不熟悉"显著负向影响居民的意愿。多元化的补偿方案,如综合运用现金、住房及其他社会保障等多种措施,能够有效激励乡村居民参与到居民点整治过程中。另外,家庭资源禀赋对农户意愿的影响则较为复杂。其中,家庭类型、主要人口的文化程度、家庭收入、家庭建筑面积对乡村居民参与整治产生显著的正向效应。

2011 年,上海正式启动土地整治规划的编制工作。2013 年初,上海市首个土地整治规划《上海市土地整治规划(2011—2015 年)》由市政府同意发布实施,明确了"分类推进农村居民点整治"的战略方向。全市农村居民点整治按照三种模式分类推进:① 在嘉定区、宝山区、闵行区和浦东新区等近郊快速城市化地区,以"外冈模式"为蓝本,积极、规范地推进"城市化推进型的农村居民点整治",采用"宅基地置换到城镇"的安置模式,注重居住向城镇集中和农民向市民的转化。② 在奉贤区、金山区等远郊农业地区,以"庄行模式"为蓝本,稳妥地推进"乡村更新型的农村居民点整治",采用"宅基地归并集中"的安置模式,注重建设农村、服务农民和提升农业的目标。③ 在经济薄弱地区、现代农业发展地区、太湖流域水环境综合整治区域以及产业、自然、人文特色地区,积极开展"原地改造型的村庄整治"。村庄改造以保持村庄原有生态、自然特色为前提，以科学合理的村庄规划为指导，以提升农村基础设施水平、改善农村生态环境、配套完善村内公益性基础设施为重点，全面改善农村生产生活条件，改变农村脏乱差的面貌，生动展现农村特色风貌。

针对上海乡村居民在家庭结构、收入、职业、与农村（农业）的关联程度、文化心理需求等方面形成的"农民分化"现实特征，研究农村居民点整治政策的重点由"地"的分类整治向"人"的分类引导逐步延伸，重点打造农民"进城、进镇"和"留村、留农"两个政策供给通道，满足农民多样化发展需求。

农民"进城、进镇"是继续推进农民市民化、镇民化的一个主要途径，供给政策主要围绕三个方面建立：一是农民进城、进镇后集中建房所需的空间与指标，应以商品房安置为主，与郊野单元规划、有条件建设区等规划和指标管控手段有效衔接；二是合理提供进城、进镇农民的社会保障，这是决定农民市民化、镇民化转变的关键要素；三是参照松江区新桥镇产权制度改革的"镇—村"统管模式，在农民进城、进镇过程中推进"镇—村"统筹的产权制度改革。

农民"留村、留农"是保持乡村活力、更新乡村发展的主要途径，供给政策主要围绕以下三个方面：一是大力提高乡村基本公共服务设施配置，建设生活、生态、生产和谐发展的美丽乡村，提高乡村宜居度。二是通过提高乡村吸引力和政策创新，鼓励市民回归乡村，促进乡村文化和产业的自主更新；提高都市现代农业科技化和专业化水平，培育新型职业农民，保证乡村和农业"后继有人"。三是采用乡村规划管控下的传统式个人申请、零星建房管理方式，不走"大拆大建"的路子。

参考文献

［1］ 艾勇军,肖荣波.从结构规划走向空间管治——非建设用地规划回顾与展望［J］.现代城市研究,2011(7):64-66.

［2］ 陈百明.农村社区更新理念、模式及其立法［J］.自然资源学报,2000,15(2):101-106.

［3］ 蔡运龙.中国农村转型与耕地保护机制［J］.地理科学,2001,14(1):1-6.

［4］ 陈子夏.澳门社区养老服务设施研究［D］.广州:中山大学,2006.

［5］ 方创琳.区域规划与空间管治论［M］.北京:商务印书馆,2007.

［6］ 陈晓华,张小林.“苏南模式”变迁下的乡村转型［J］.农业经济问题,2008(8):21-25.

［7］ 陈玉福,孙虎,刘彦随.中国典型农区空心村综合整治模式［J］.地理学报,2010,65(6):727-735.

［8］ 陈倩.农户参与农村居民点整理意愿的影响因素分析［D］.四川:农业大学,2010.

［9］ 柴铎,周小平,谷晓坤.城市郊野建设用地节约集约利用内涵重构与“5Q5E”评价模型——上海98个乡镇数据实证［J］.城市发展研究,2017,24(10):79-85.

［10］ 房艳刚,刘继生.基于多功能理论的中国乡村发展多元化探讨——超越“现代化”发展范式［J］.地理学报,2015,70(2):257-270.

［11］ 冯周卓,孙颖.论城市空间公平及其基本维度［J］.湖南大学学报(社会科学版),2018(2):155-160.

［12］ 顾朝林.论城市管治研究［J］.城市规划,2000,24(9):7-10.

［13］ 顾朝林.发展中国家城市管治研究及其对我国的启发［J］.城市规划,

2001（9）：13-20.

［14］谷晓坤,陈百明,代兵.经济发达区农村居民点整理驱动力与模式:以浙江省嵊州市为例［J］.自然资源学报,2007,22（5）:701-706.

［15］谷晓坤,陈百明.大城市郊区农村居民点整理效果分析——基于典型案例的比较研究［J］.自然资源学报,2009,25（7）:1649-1658.

［16］谷晓坤,周小萍,卢新海.大都市郊区农村居民点整理模式与评价方法:以上海市为例［J］.经济地理,2009,29（5）:832-835.

［17］冯媛媛.城镇化进程中关于农村宅基地置换问题的研究［J］.经济研究参考,2010（35）:26-27.

［18］谷晓坤,刘静,张正峰,等.大都市郊区景观生态型土地整治模式设计［J］.农业工程学报,2014,30（6）:205-211.

［19］谷晓坤,庞林芳,张正峰.基于上海市青村镇公共设施可达性的农村居民点整治适宜性研究［J］.中国土地科学,2014,37（10）:71-75.

［20］谷晓坤,刘静,代兵,等.大都市郊区工业用地减量化适宜性评价方法与实证［J］.自然资源学报,2018,33（8）:1317-1325.

［21］韩守庆,李诚固,郑文升.长春市城镇体系的空间管治规划研究［J］.城市规划,2004,28（9）:81-84.

［22］胡初枝,黄贤金,陈志刚,等.基于农民可持续性生计的征地制度改革研究——来自农户调查的实证分析［C］.中国土地学会学术年会,2008.

［23］黄文贵.农户农地流转行为及其影响因素分析——基于全国大样本农户调查的实证分析［D］.杭州:浙江大学,2009.

［24］胡瑞山,董锁成,胡浩.就医空间可达性分析的两步移动搜索法——以江苏省东海县为例［J］.地理科学进展,2012,31（12）:1600-1607.

［25］洪惠坤,谢德体,郭莉滨,等.多功能视角下的山区乡村空间功能分异特征及类型划分［J］.生态学报,2017,37（7）:2415-2427.

［26］焦亚波.社会福利社会化背景下的上海养老机构发展研究［D］.上海:华东师范大学,2009.

［27］孔云峰,李小建,张雪峰.农村中小学布局调整之空间可达性分析——以河南省巩义市初级中学为例［J］.遥感学报,2008,12（5）:800-809.

［28］刘彦随.中国东部沿海地区乡村转型发展与新农村建设［J］.地理学报,

2007,62(6):563-570.

[29] 刘彦随,刘玉,陈秧分,等.快速城市化中的中国农村空心化[J].地理学报(英文版),2010,20(6):78-90.

[30] 龙花楼,刘彦随,邹健.中国东部沿海地区乡村发展类型及其乡村性评价[J].地理学报,2009,64(4):427-434.

[31] 龙花楼.论土地利用转型与乡村转型发展[J].地理科学进展,2012,31(2):131-138.

[32] 龙花楼.论土地整治与乡村空间重构[J].地理学报,2013,68(8):1019-1028.

[33] 刘彦随,刘玉,陈玉福.中国地域多功能性评价及其决策机制[J].地理学报,2011,66(10):379-389.

[34] 刘玉,刘彦随,郭丽英.乡村地域多功能的内涵及其政策启示[J].人文地理,2011(6):103-106.

[35] 林西雁.上海养老设施空间布局研究[D].上海:华东师范大学,2016.

[36] 陆大道.区域发展及其空间结构[M].北京:科学出版社,1995:117-124.

[37] 林若琪,蔡运龙.转型期乡村多功能性及景观重塑[J].人文地理,2012,2(27):45-49.

[38] 罗雅丽,李同昇,张常新,等.乡镇地域多功能性评价与主导功能定位——以金湖县为例[J].人文地理,2016(3):94-101.

[39] 李平星,陈雯,孙伟.经济发达地区乡村地域多功能空间分异及影响因素——以江苏省为例[J].地理学报,2014,69(6):797-807.

[40] 刘琼,佴伶俐,欧名豪.基于脱钩情景的中国建设用地总量管控目标分析[J].南京农业大学学报(社会科学版),2014(2):80-85.

[41] 林康,陆玉麒,刘俊,等.基于可达性角度的公共产品空间公平性的定量评价方法以江苏省仪征市为例[J].地理研究,2009,28(1):215-225.

[42] 林坚,李尧.北京市农村居民点用地整理潜力研究[J].中国土地科学,2007,21(1):58-65.

[43] 刘钊,郭苏强,金慧华,等.基于GIS的两步移动搜寻法在北京市就医空间可达性评价中的应用[J].测绘科学,2007,32(1):61-63.

[44] 刘海英,刘小玲,高艳梅,等.基于农民视角的宅基地置换评价[J].广东

农业科学,2011,38(16):212-215.

［45］刘旦.基于Logistic模型的农民宅基地置换意愿分析——基于江西的调查和农户视角［J］.首都经济贸易大学学报,2010(6):43-48.

［46］梁鹤年.简明土地利用规划［M］.北京:地质出版社,2003.

［47］凌耀初,季学明,刘文敏.上海郊区发展历史、现状及展望［J］.社会科学,2008(10):74-81.

［48］刘安生,赵义华.基于可达性分析的常州市乡村地区基本公共服务设施布局均等化研究——以教育设施为例［J］.江苏城市规划,2010(6):6-8.

［49］卢晓旭,陆玉麒,袁宗金,等.基于可达性的城市普通高中生源区研究［J］.地理科学进展,2010,29(12):1541-1547.

［50］刘卫东.经济地理学与空间治理［J］.地理学报,2014,69(8):1109-1116.

［51］吕月珍.农户参与城乡建设用地增减挂钩意愿的实证分析——基于浙江省嘉善、缙云两地农户调查［D］.杭州:浙江大学,2009.

［52］秦李虎.空间治理体系下的城市增长管理研究［D］.北京:清华大学,2015.

［53］钱文荣.农地市场化流转中的政府功能探析——基于浙江省海宁、奉化两市农户行为的实证研究［J］.农业经济导刊,2004(1):14-19.

［54］亓高燕,刘翠萍.新农村社区建设中农民意愿影响因素分析［J］.山东理工大学学报(社会科学版),2013,29(3):14-19.

［55］乔花芳.湖北省旅游业的时空分异及空间治理研究［D］.武汉:华中师范大学,2015.

［56］沈建法.城市政治经济学与城市管治［J］.城市规划,2000,24(11):8-11.

［57］沈建法.全球化世界中的城市竞争与城市管治［J］.城市规划,2001(9):34-37.

［58］宋正娜,陈雯,张桂香,等.公共服务设施空间可达性及其度量方法［J］.地理科学进展,2010,29(10):1217-1224.

［59］上海市规划和国土资源管理局.上海郊野公园规划探索和实践［M］.上海:同济大学出版社,2015.

［60］上海市规划和国土资源管理局.上海市青西郊野单元(郊野公园)规划［R］.2010.

［61］上海广境规划设计有限公司.上海市嘉北（郊野公园）一期土地整治项目规划设计和预算编制［R］.2014.

［62］上海市规划和国土资源管理局.上海市基本生态网络结构规划［R］.2009.

［63］上海市规划和国土资源管理局,上海市城市规划设计研究院.上海市郊野公园布局选址和试点基地概念规划［R］.2012.

［64］塔娜.呼和浩特市养老设施空间布局研究［D］.呼和浩特：内蒙古师范大学,2013.

［65］陶海燕,陈晓翔,黎夏.公共医疗卫生服务的空间可达性研究——以广州市海珠区为例［J］.测绘与空间地理信息,2007,30（1）：1-5.

［66］陶卓霖,程杨,戴特奇.北京市养老设施空间可达性评价［J］.地理科学进展,2014,33（5）：616-624.

［67］申明锐,张京祥.新型城镇化背景下的中国乡村转型与复兴［J］.城市规划,2015,39（1）：30-34.

［68］桑劲,董金柱."多规合一"导向的空间治理制度演进——理论、观察与展望［J］.城市规划,2018（4）：18-23.

［69］盛鸣.从规划编制到政策设计：深圳市基本生态控制线的实证研究与思路［J］.城市规划学刊,2010（S1）：48-53.

［70］吴骏莲,崔功豪.管治的起源、概念及其在全球层次的延伸［J］.南京大学学报（哲学·人文科学·社会科学）,2001,38（5）：123-127.

［71］王军.我国土地整治的实践创新与理论进步——国土资源部土地整治中心副主任郧文聚研究员接受本刊专访［J］.上海国土资源,2012,33（4）：1-6.

［72］王鹏飞.论北京农村空间的商品化与城乡关系［J］.地理学报,2013,68（12）：1657-1667.

［73］王远飞.GIS与Voronoi多边形在医疗服务设施地理可达性分析中的应用［J］.测绘与空间地理信息,2006,29（3）：77-80.

［74］王法辉.基于GIS的数量方法与应用［M］.北京：商务印书馆,2009.

［75］王广洪.生态文明视角下的基本生态控制线管理策略研究——以深圳市为例［J］.特区经济,2016（3）：9-13.

［76］王小来.浙江省农村宅基地置换改革农户意愿选择及其成效分析［D］.杭

州：浙江农林大学，2011.

[77] 望佳琪，刘卫东.农民拆村建居意愿影响因素的实证研究——来自宁波市姜山镇的908份调查问卷［C］//中国土地学会.2009年中国土地学会学术年会论文集.北京：中国大地出版社，2009：9-15.

[78] 夏元通.城市养老设施规划布局影响因子研究——以昆明市中心城区养老设施规划研究为例［J］.华中建筑，2013(6)：148-152.

[79] 徐冠男.空间治理：一个政府治理的新视角［D］.南京：东南大学，2016.

[80] 徐波，郭竹梅，钟继涛.北京城市环境建设的新课题——北京市绿化隔离地区绿地总体规划研究［J］.中国园林，2001，17(4)：67-69.

[81] 徐冰，夏敏.南京市农村居民点整理农民意愿影响因素分析［J］.浙江农业科学，2012(11)：1599-1601.

[82] 肖威，鲁月，张明娟，等.生态文明背景下南京市郊野公园的建设思考［J］.江苏林业科技，2016，43(1)：47-51.

[83] 熊竞，罗翔，沈洁，等.从"空间治理"到"区划治理"：理论反思和实践路径［J］.城市发展研究，2017(11)：89-93.

[84] 杨振山，蔡建明.都市农业发展的功能定位体系研究［J］.资源与环境，2006，16(5)：29-34.

[85] 尹玉芳.我国郊野公园发展研究综述［J］.城市规划与设计，2017(3)：52-58.

[86] 杨雪冬.基层再造中的治理空间重构［J］.探索与争鸣，2011(7)：21-23.

[87] 杨庆媛，张占录.大城市郊区农村居民点整理的目标和模式研究——以北京市顺义区为例［J］.中国软科学，2003(6)：115-119.

[88] 杨玉珍.农户宅基地利用状况、腾退意愿及利益诉求——对河南省1105个样本农户的调查［J］.现代经济探讨，2013(4)：65-69.

[89] 叶艳妹，吴次芳.我国农村居民点用地整理的潜力、运作模式与政策选择［J］.农业经济问题，1998(10)：54-57.

[90] 叶剑平，蒋妍，丰雷.中国农村土地流转市场的调查研究——基于2005年17省调查的分析和建议［J］.中国农村观察，2006(4)：48-55.

[91] 张京祥，陈浩.空间治理：中国城乡规划转型的政治经济学［J］.城市规划，2014，38(11)：9-15.

［92］张京祥.试论中国城镇群体发展地区区域/城市管治［J］.城市问题，1999（5）：44-47.

［93］邹兵.自然资源管理框架下空间规划体系重构的基本逻辑与设想［J］.规划师，2018（7）：5-10.

［94］张嘉琪.北京郊野公园调查与规划研究［D］.北京：中国林业科学研究院，2016.

［95］张正峰，陈百明.土地整理潜力分析［J］.自然资源学报，2002，17（6）：664-669.

［96］张正峰，陈百明.土地整理的效益分析［J］.农业工程学报，2003，19（2）：210-213.

［97］张正峰，杨红，谷晓坤.土地整理项目影响的评价方法及应用［J］.农业工程学报，2011，27（12）：313-317.

［98］张军民."迁村并点"的调查与分析——以山东省兖州市新兖镇寨子片区为例［J］.中国农村经济，2003（8）：57-62.

［99］张丁，万蕾.农户土地承包经营权流转的影响因素分析——基于2004年的15省（区）调查［J］.中国农村经济，2007（2）：24-34.

［100］ALI A M S. Population pressure, agricultural intensification and changes in rural systems in Bangladesh［J］. Geoforum, 2007, 38(4): 720-738.

［101］Ahnström J, Höckert J, Bergea H L, et al. Farmers and nature conservation: What is known about attitudes, context factors and actions affecting conservation［J］. Renewable Agriculture and Food Systems, 2009, 24(1): 38-47.

［102］ADRI V D B, MARIJN M. The origins of Dutch rural planning: A study of the early history of land consolidation in the Netherlands［J］. Planning Perspectives, 2008, 23(10): 427-453.

［103］ARCHER R W. The use of land pooling/readjustment to improve urban development and land supply in Asian countries［M］. Bangkok: Asian Institute of Technology, 1984.

［104］BROUWER R, MARTIN-ORTEGA J, BERBEL J. Spatial preference heterogeneity: a choice experiment［J］. Land economics, 2010, 86(3):

552－568.

[105] CAMPBELL D, GEORGE H W. Using choice experiments to explore the spatial distribution of willingness to pay for rural landscape improvements [J]. Environment and Planning A: Economy and Space, 2009(41): 97－111.

[106] CHRISTALLER W. Die zentralen Orte in Süddeutschland: eine ökonemisch-geographische Untersuchung über die Gesetzmassigkeit der Verbreitung und Eniwicklung der Siedlungen mit städtischen Funktionen[M]. Gustav Fischer, 1933.

[107] COMBER A, BRUNSDON C, GREEN E. Using a GIS-based network analysis to determine urban green space accessibility for different ethnic and religious groups[J]. Landscape and Urban Planning, 2008, 86(1): 103－114.

[108] COELHO J C, AGUIAR P, PINTO L, et al. A systems approach for the estimation of the effects of land consolidation projects (lcps): a model and its application[J]. Agriculture Systems, 2001(68): 179－195.

[109] CROMLEY E K, SHANNON G W. Locating ambulatory medical care facilities for the elderly[J]. Health services research, 1986, 21(4): 499－514.

[110] CRECENTE R, ALVAREZ C, FRA U. Economic, social and environmental impact of land consolidation in Galicia[J]. Land Use Policy, 2002(19): 135－147.

[111] DAVID L. The history of the country park, 1966–2005: towards a renaissance?[J]. Landscape Research, 2006, 31(1): 43－62.

[112] DOEBLE W. Land readjustment[M]. Heath and Co. Lexington. 1982.

[113] EUROPEA C. Contribution of the European community on the multifunctional character of agriculture[J]. DG Agriculture, Info-paper, Bruxelles, 1999.

[114] GU X K, TAO S Y, DAI B. spatial accessibility of country parks in Shanghai, China[J]. Urban Forestry & Urban Greening, 2017(27),

373-382.

[115] GORTON M, DEACONESCU C, PETROVICI D A. The International Competitiveness of Romanian Agriculture: a Quantitative Analysis[M]. Cambridge: Lexington Books, 2003.

[116] GUIDO V H, VALERIE V, EVY M, et al. Multifunctionality of agriculture: a review of definitions, evidence and instruments[J]. Living Reviews in Landscape Research, 2007, 1 (3): 5-31.

[117] GARCIA A I, AYUGA F. Reuse of abandoned buildings and the rural landscape: the situation in Spain[J]. Transactions of the ASABE, 2007, 50(4): 1383-1394.

[118] Gómez-Sal A, BELMONTES J A, NICOLAU J M. Assessing landscape values: a proposal for a multidimensional conceptual model. Ecol Model [J]. Ecological Modelling, 2003, 168(3): 319-341.

[119] GROSSMAN M R, BRUSSAARD W. Agrarian land law in the western world[M]. Wallingford: C.A.B. International, 1992.

[120] GARCIA A, AYUGA F. Reuse of abandoned buildings and the rural landscape: the situation in Spain[J]. Transections of the ASABE, 2007, 50(4): 1383-1394.

[121] GEOFF A, WILSON. From 'weak' to 'strong' multifunctionality: conceptualising farm-level multifunctional transitional pathways[J]. Journal of Rural Studies, 2008, 24(3): 367-383.

[122] HOLMES J. Impulses towards a multifunctional transition in rural Australia: Gaps in the research agenda[J]. Journal of Rural Studies, 2006, 22(2): 142-160.

[123] HEIMLICH R E, BARNARD C H. Agricultural adaptation to urbanisation: farm types in northeast metropolitan areas[J]. Northeastern Journal of Agricultural & Resource Economics, 1992, 21(1): 50-60.

[124] HENKE R, VANNI F. Peri-urban agriculture: an analysis of farm typologies in Italy[J]. New Medit, 2017, 16(3): 11-18.

[125] HANSEN W G. How accessibility shapes land use[J]. Journal of the

American Institute of Planners, 1959, 25(2): 73－76.

［126］ HERZELE A V, WIEDEMANN T. A monitoring tool for the provision of accessible and attractive urban green spaces［J］. Landscape and Urban Planning, 2003, 63(2): 109－126.

［127］ LONG H L, Woods M. Rural restructuring under globalization in eastern coastal china: what can be learned from Wales?［J］. Journal of Rural and Community Development, 2011, 6(1): 70－94.

［128］ IKER Etxano, Itziar Barinaga-Rementeria, Oihan a Garcia. Conflicting values in rural planning: a multifunctionality approach through social multi-criteria evaluation［J］. Peer-reviewed version available at Sustainability, 2018, 10(5): 1－29.

［129］ KHAN A A. An integrated approach to measuring potential spatial access to health care services［J］. Socio-Economic Planning Sciences, 1992, 26(4): 275－287.

［130］ KALBRO T. A new Swedish legislative system for allocating land value and development profits among property owners［J］. International Federation of Surveyors, 1990(9): 69－82.

［131］ LONG H, JIAN Z, PYKETT J, et al. Analysis of rural transformation development in China since the turn of the new millennium［J］. Applied Geography, 2011, 31(3): 1094－1105.

［132］ LARSSON G. Land readjustment: a modern approach to urbanization ［M］. Avebury: Aldershot, 1993.

［133］ LARSSON G. Land readjustment: a tool for urban development［J］. Habitat International, 1997, 21(2): 141－152.

［134］ LI Y, LONG H, LIU Y. Spatio-temporal pattern of China's rural development: a rurality index perspective［J］. Journal of Rural Studies, 2015, 38(38): 12－26.

［135］ LOVE D, LINDQUIST D. The geographic accessibility of hospitals to the aged: a geographic information systems analysis with in illinois［J］. Health services research, 1995, 29(6): 629－651.

[136] MARSDEN T. Rural geography trend report: the social and political bases of rural restructuring[J]. Progress in Human Geography, 1996, 20(2): 246-258.

[137] MILESTAD R, WIVSTAD M, LUND V, et al. Goals and standards in Swedish organic farming: trading off between desirables[J]. International Journal of Agricultural Resources, 2008, 7 (1): 23-39.

[138] MIRANDA D, CRECENTE R, FLOR A. Land consolidation in inland rural Galicia, N.W. Spain, since 1950: an example of the formulation and use of questions, criteria and indicators for evaluation of rural development policies[J]. Land Use Policy, 2006, 23(4): 102-121.

[139] MARSDEN T, SONNINO R. Rural development and the regional state: denying multifunctional agriculture in the UK[J]. Journal of Rural Studies, 2008, 24(4): 422-431.

[140] MAXFIELD D W. Spatial Planning of School Districts[J]. Annals of the Association of American Geographers, 1972, 62(4): 582-590.

[141] OSTERBERG T. Joint land use development[M]. International Federation of Surveyors, 1986.

[142] PECK J, THEODPRE N. Variegated capitalism[J]. Progress in Human Geography, 2007, 31(6): 731-772.

[143] PLIENINGER T, BENS O, HUTTL R F. Innovations in land-use as response to rural change — a case report from Brandenburg, Germany[J]. Multifunctional Land Use, 2007(2007): 369-385.

[144] ROSERO-BIXBY L. Spatial access to health care in Costa Rica and its equity: a GIS-based study[J]. Social Science & Medicine, 2004, 58(7): 1271-1284.

[145] RADKE J, MU L. Spatial Decomposition, Modeling and Map-ping Service Regions to Predict Access to Social Programs[J]. Geographic Information Sciences, 2000, 6(2): 105-112.

[146] SAL A G, GARCIA A G. A comprehensive assessment of multifunctional agricultural land-use systems in Spain using a multi-dimensional evaluative

model[J]. Agriculture Ecosystems & Environment, 2007, 120(1): 82-91.

[147] SKLENICKA P. Applying evaluation criteria for the land consolidation effect to three contrasting study areas in the czech republic[J].Land Use Policy, 2006, 23(4): 502-510.

[148] SORENSEN A. Land readjustment, urban planning and urban sprawl in the Tokyo metropolitan area[J]. Urban Studies, 1999(36): 2333-2360.

[149] SEONG-KYU H. Developing a community-based approach to urban development[J]. Geo Journal, 2001(53): 39-45.

[150] SERRA T, GOODWIN B K, FEATHERSTONE A M. Agricultural policy reform and off-farm labor decisions[J]. Journal of Agricultural Economics, 2005, 56(2): 271-285.

[151] TAO S H, NICO H, QU F T. Land fragmentation and its driving forces in China[J]. Land Use Policy, 2006, 23(3): 272-285.

[152] TIMOTHY S H, HOLLY R B. Geographical accessibility and Kentucky's hearted-related hospital services[J]. Applied Geography, 2007, 27(3): 181-205.

[153] TAYLOR R G, VASU M L, CAUSBY J F. Integrated planning for school and community: the case of Johnston County, North Carolina[J]. Interfaces, 1999, 29(1): 67-89.

[154] VAN H G, VANDERMEULEN V, METTEPENNINGEN E, et al. Multifunctionality of agriculture: a review of definitions, evidence and instruments[J]. Living Reviews in Landscape Research, 2007, 1(3): 1-43.

[155] VAN H G, COELOH J C, PINTO P A. Evaluation of land consolidation projects (lcps): a multidisciplinary approach[J]. Journal of Rural Studies, 1996, 12(3): 297-310.

[156] VANDER P J D, Renting H, BRUNORI G, et al. Rural development: From practice and policies to theory[J]. Sociologia Ruralis, 2000, 40(4): 391-408.

[157] WALDER A G. Local governments as industrial firms: an organizational

analysis of China's transitional economy[J]. American Journal of Sociology, 1995, 101(2): 263−301.

[158] WEGREN S K. Rural adaptation in Russia: who responds and how do we measure it[J]. Journal of Agrarian Change, 2004, 4(4): 553−578.

[159] WOODS M. Rural geography: processes, responses and experiences in rural restructuring[J]. Rural Geography Processes Responses & Experiences in Rural Restructuring, 2004, 7(3): 494−496.

[160] WILLEMEN L, HEIN L, MENSVOORT M E F V, et al. Space for people, plants, and livestock? quantifying interactions among multiple landscape functions in a Dutch rural region[J]. Ecological Indicators, 2010, 10(1): 62−73.

[161] WU F. The 'game': landed-property production and capital circulation in China's transitional economy, with reference to Shanghai[J]. Environment & Planning A, 1999, 31(10): 1757−1771.

[162] LUO W, WANG F. Measures of spatial accessibility to health care in a GIS environment: synthesis and a case study in the Chicago region [J]. Environment and Planning b: planning and design, 2003, 30(6): 865−884.

[163] WILLEM K A, SANG B I. Promoting rural development through the use of land consolidation: The case of Korea[J]. International Planning Studies, 2011, 16(2): 151−167.

[164] WOODS M. Performing rurality and practising rural geography[J]. Progress in Human Geography, 2011, 34(6): 835−846.

[165] WITTLINGEROVA Z, KRIZ L. The effect of anthropogenic activities on the chemical properties of groundwaters[J]. Rostlinna Vyroba, 1998(44): 321−324.

[166] YAO Y. The development of the land lease market in rural China[J]. Land Economics, 2000, 76(2): 252−266.

[167] ZASADA I. Multifunctional peri-urban agriculture — a review of societal demands and the provision of goods and services by farming[J]. Land Use

Policy, 2011, 28(4): 639－648.

[168] ZVI L, DRAGOS C. Land consolidation as a factor for rural development in moldova［J］. Europe-Asia studies, 2006, 58(3): 439－455.

索　引